红树林基金会文库

湿地因你而美

湿地教育的中国案例

红树林基金会（MCF）
中国野生动物保护协会
编著

中国林業出版社
·北 京·

图书在版编目（C I P）数据

湿地因你而美：湿地教育的中国案例 / 红树林基金会（MCF），中国野生动物保护协会编著. -- 北京：中国林业出版社, 2022.11（红树林基金会文库）

ISBN 978-7-5219-1874-8

Ⅰ. ①湿… Ⅱ. ①红… ②中… Ⅲ. ①沼泽化地－环境教育－案例－中国 Ⅳ. ①P941.78

中国版本图书馆CIP数据核字(2022)第175281号

中国林业出版社·自然保护分社（国家公园分社）

策划编辑 刘家玲

责任编辑 葛宝庆

视觉装帧 何楚欣

出版发行 中国林业出版社（北京市西城区刘海胡同7号 100009）

电　　话 010-83143612

印　　刷 北京雅昌艺术印刷有限公司

版　　次 2022年11月第1版

印　　次 2022年11月第1次印刷

开　　本 787mm × 1092mm 1/16

印　　张 16.25

字　　数 220千字

定　　价 80.00元

《湿地因你而美——湿地教育的中国案例》

编辑委员会

感谢腾讯公益平台爱心网友对本书出版的资助

序一

湿地是生命的摇篮，也被誉为“地球之肾”“物种基因库”。它以涓涓细流滋养生命、哺育文明，还为人类抵挡自然灾害，给我们的生活带来美好。然而近半个世纪以来，大面积的湿地遭遇了破坏和退化，使得生物多样性保护和人类社会的可持续发展面临重大挑战。为了人与湿地生生不息的美好未来，我们需要帮助更多公众，尤其是青少年走进湿地、了解湿地，与湿地建立联结，参与和支持湿地保护行动，而这离不开湿地教育工作广泛深入的开展。

中国是一个湿地类型齐全、数量丰富的国家。截至2022年，我国湿地保护率达到52.65%，有64处国际重要湿地，建立了602处湿地自然保护区、1600余处湿地公园（包括899个国家级湿地公园），以及为数众多的湿地保护小区。这些保护地既是重要的湿地保护区域，也是进行湿地教育的最佳场所。

湿地教育是对“人与自然生命共同体”理念的重要支撑，也是生态文明建设的有力抓手。中国作为《关于特别是作为水禽栖息地的国际重要湿地公约》（简称《湿地公约》）缔约方，一直以来积极履约，全面推动湿地保护，其中一项重要内容就是推动“CEPA”湿地宣教相关工作，提升公众的湿地保护意识、支持和参与湿地保护行动。

2019年，国家林业和草原局发布了《关于充分发挥各类自然保护地社会功能 大力开展自然教育工作的通知》，强调了在保护地承担和发挥社会服务功能方面，自然教育应当发挥的重要作用。湿地类型自然保护地以丰富的自然教育手段开展湿地教育，能帮助公众更好地了解和支持湿地保护，让我国的自然保护成果可感知、可参与、可体验。

红树林基金会（MCF）是中国首家由民间发起的环保公募基金会，致力于湿地及其生物多样性保护。成立十年来，基金会立足深圳湾探索社会化参与的生态保护模式，目前，已启动“守护深圳湾”“拯救勺嘴鹬”“重建海上森林”三大战略品牌项目。其中，湿地教育是至关重要的一环，是社会化参与生态保护的起点和动力。过去十年，以深圳为起点，基金会创建运营了3个湿地教育中心；协助并支持了3个国家级自然保护区及国家湿地公园开展湿地教育中心规划及专业能力建设；以培训、研讨、参访等多种形式促进湿地保护教育能力的提升；总结湿地教育工作经验，出版了《中国湿地教育中心创建指引（红树林基金会文库）》；与人民教育出版社联合出版了《神奇湿地——环境教育教师手册》，配合教师培训，推动湿地与学校的联动；同时，还积极进行政策建议，助力广东省等多个省市级自然教育发展规划的出台。

今年春天，在国家林业和草原局湿地管理司支持和指导下，基金会和中国野生动物保护协会首次合作“爱鸟周”全国湿地自然笔记接力活动，让我们有机会能够和全国从事湿地保护的伙伴们深度合作、携手同行。虽然受到疫情影响，活动推进遇到不少挑战，但在大家的支持和鼓励下，此次活动最终取得了超出预期的成功。在此真诚感谢主管部门领导的关切和肯定！感谢中国野生动物保护协会的信任和支持！感谢各湿地类型自然保护地和保护机构工作人员、学校师生的热情参与！

本书的内容是对中国湿地教育工作的一次重要展现和精彩亮相。其中，包括对中国湿地教育工作建设模式的梳理，展示并跟进了中国湿地教育实践所总结出的经验；记述了跨越南北各地湿地教育一线工作者的群像；以2022“爱鸟周”全国湿地自然笔记接力活动为案例，展示疫情影响下湿地传播活动的新探索。这也是我们为迎接《湿地公约》第十四届缔约方大会在武汉召开，展现中国湿地保护成果、教育故事所献上的一份真挚的礼物。

希望这本书能够给投身湿地教育工作的伙伴们带来一份鼓励，并为全国更多同行者带来有效参考。最后，我们衷心期待“珍爱湿地，人与自然和谐共生”能够成为生态文明美丽中国画卷中精彩的篇章。

红树林基金会（MCF）执行理事长　刘明达

序二

我国是世界上鸟类种类最多的国家之一，现有鸟类1445种，其中，具有迁徙习性的鸟类800多种。我国地处西太平洋、东亚—澳大利西亚、中亚和西亚—东非四条全球候鸟迁徙路线的交汇处，每年的迁徙季节都会有大量候鸟途径我国，仅东亚—澳大利西亚迁徙路线上的鸻鹬类就超过5000万只。

1981年，经国务院批准，全国各地积极开展"爱鸟周"宣传活动。41年来，全国各级政府、社会组织积极发挥组织者、宣传者、推动者的作用，组织开展形式多样的爱鸟护鸟科普活动。通过"爱鸟周"科普宣传活动，普及了鸟类知识，推动了鸟类保护工作的开展。这其中最重要的是，公众的鸟类保护意识越来越高，越来越多的公众积极参与到鸟类保护当中，成为鸟类保护的重要力量。中国野生动物保护协会自成立以来，连续38年开展"爱鸟周"科普宣传活动，营造了浓厚的候鸟保护氛围，构建了政府主导、社会支持、公众参与的鸟类保护平台，将鸟类保护公众参与机制推上新台阶。

自然笔记作为自然教育中的一种独特形式，因其操作性强，近年来在我国快速发展。为顺应自然笔记的快速发展，我们在中国加入《湿地公约》30周年，《湿地公约》第十四届缔约方大会在中国举办之际，组织了"爱鸟周"全国湿地自然笔记接力活动，希望中小学生能走进湿地，体验观鸟活动，通过一笔一画的描绘，让孩子们在观察中激发对湿地和鸟类的好奇心，感受大自然的美。

只要你喜欢自然，并乐于观察，那就走进大自然，记录它的美好吧。

武明录

中国野生动物保护协会秘书长　武明录

南矶湿地的鸟浪（胡斌华 摄）

前言

湿地，与森林、海洋并称为三大生态系统。湿地在多个方面显著影响着人类的生存与发展，却不为公众所熟知：从生物多样性角度来说，占地表面积2.4%的湿地，栖息着全球40%的动植物物种；从全球生物化学角度来说，健康的湿地生态系统被称为“地球之肾”；湿地能够存贮的碳量惊人，对湿地进行保护和修复，是应对全球气候变化最经济的解决方案；湿地生态系统的生产力极高，每公顷高达55吨初级生产力；湿地生态系统通过全球水循环，沟通了森林与海洋，具有全球关联性，是构建人类命运共同体的重要载体之一。

湿地，应被更广泛地了解、认知和保护，开展广泛的湿地公众教育是湿地保护行之有效的方法之一。红树林基金会（MCF）从2012年创立以来，积极开展面向公众的湿地教育，推动以建立湿地教育中心的方式，让更多公众尤其是青少年了解湿地的重要意义；2018年，参与发起“中国沿海湿地保护网络湿地教育中心项目”，协助项目湿地教育样板点开展湿地教育中心规划，从多个方面提升湿地教育人员专业能力，并以项目成果的方式正式出版《中国湿地教育中心创建指引(红树林基金会文库)》，为我国湿地类型自然保护地提供了一套有理论支持和经受过实践检验，并且符合中国湿地发展现状的湿地教育中心创建和运营指引。

2022年，国家林业和草原局湿地管理司、阿拉善SEE生态协会和红树林基金会（MCF）发起湿地教育中心行动计划，在全国范围内发动湿地类型自然保护地和各类社会组织参与，共同探索公众参与湿地保护的新模式，为推动我国湿地保护的长期发展奠定公众支持和社会参与的基础。

2022年适逢《中华人民共和国湿地保护法》正式实施，以及《湿地公约》第十四届缔约方大会在我国召开。中国湿地教育随着湿地保护事业的逐步推进，迎来了最好的发展时期。中国湿地保护和湿地教育工作应该在国际舞台上进行展示，这将激励着我国湿地保护和湿地教育一线工作者继往开来、再接再厉。《湿地因你而美——湿地教育的中国案例（红树林基金会文库）》正是在这一背景下编写的。

本书分为四章：第一章主要介绍湿地教育中心这一形式在我国的发展状况，包含了在我国创建湿地教育中心的原则和所具备的基础条件；第二章主要介绍湿地教育中心行动计划出台的背景和目标，以及工作范围和工作领域；第三章选取了17位从事一线湿地教育工作的人物，记录了政府管理部门、湿地类型自然保护地、学校和社会组织等多元主体共同推动湿地教育，支持湿地保护发展的动人故事，展现了他们在湿地保护进程中的点滴努力，以及我国近年来湿地保护的工作成效；第四章主要以2022“爱鸟周”全国湿地自然笔记接力活动为例，为《湿地公约》“CEPA”计划提供中国湿地教育在公众传播领域的具体案例。

在本书的编写过程中，自然笔记接力活动正在全国从南至北逐步推进，得到了众多湿地类型保护地、教育管理部门和学校以及参与湿地教育发展的各类公益组织的大力支持。通过组织观鸟和自然笔记活动，全国有数以万计的中小学生走进湿地，湿地类型保护地与学校开始建立更紧密的关系……随着候鸟迁飞的脚步，更多的湿地联系在一起，更多的人与湿地开始联结，希望这是一个开始，希望湿地因你、我、他，我们每一个人的努力而焕发勃勃生机，愈发温润而美丽。

编著者

2022年10月

目录 CONTENTS

第三章 我和湿地的故事

第四章　联结保护地与学校的湿地教育中国案例——2022“爱鸟周”全国湿地自然笔记接力活动

蒹葭苍苍，白露为霜。
所谓伊人，在水一方。

《诗经·国风·秦风》

第一章

湿地教育中心在中国

南矶湿地（罗永长 摄 / 江西省鄱阳湖南矶湿地国家级自然保护区 供图）

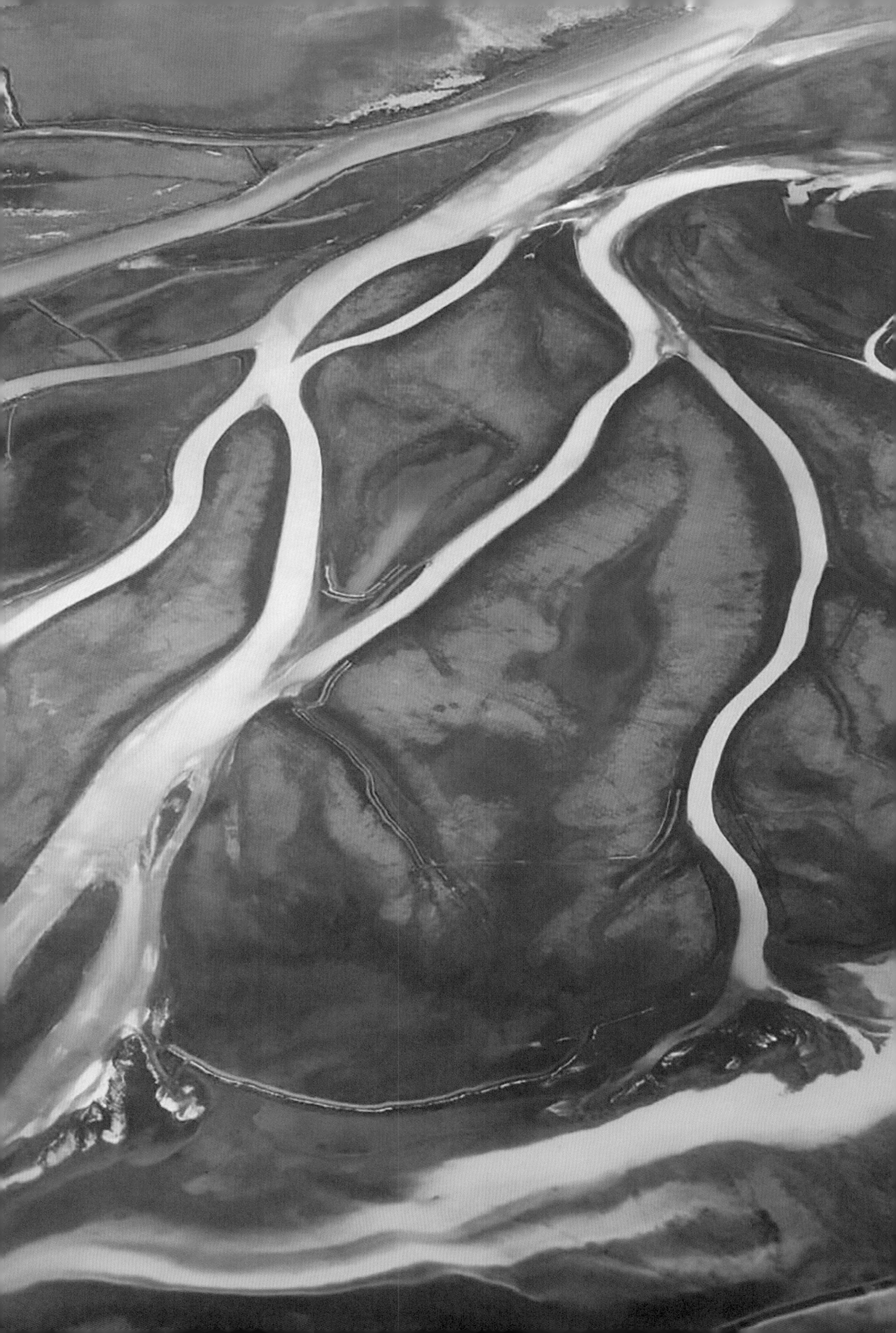

福田红树林生态公园自然教育中心志愿者准备上岗服务

湿地教育中心是由不同级别、不同类型的湿地类型自然保护地，基于各自的保护目标、自然和文化资源等本地特色而设立的，面向各类访客开展湿地自然教育活动，引导人们走进湿地、体验湿地、感受湿地生态之美、提升湿地保护意识、参与湿地保护的场所。

湿地教育中心常常被冠以湿地环境教育基地、湿地教育学校、自然教育学校、自然教育基地等名称。它不局限于一个展厅、一栋观鸟屋、一套宣传品，其范围和内涵可扩大、延伸到整个湿地自然保护区、湿地公园。湿地教育中心可以为人们提供亲近湿地的美好环境，同时也是学习湿地知识、与湿地建立联结、培养湿地保护意识和促进湿地保护行动的重要场所。

湿地教育中心适用于包括国家公园、自然保护区和自然公园在内的所有类型的湿地类型自然保护地。湿地教育活动的开展，应在自然保护地的一般控制区范围内进行。

同时，在国家自然保护地体系以外，具有湿地生态资源及保护价值的城市公园、生态农场、博物馆、学校等，皆可将建立湿地教育中心作为开展湿地教育工作的方式之一。

湿地教育中心
在国外的发展经验

我国于1992年加入《湿地公约》，成为其缔约方之一。2003年，《湿地公约》启动了“CEPA”（Communication, Capacity Building, Education, Participation and Awareness，即交流、能力建设、教育、参与和意识提升）计划，以提升各国对湿地保护和合理利用的认识。“CEPA”计划将湿地中心定义为一个人们能够和野生生物互动的地方，并定期举办以湿地保护为前提的“CEPA”活动的场所。

目前在全球范围内，除南极洲以外，各大洲都设立有湿地教育中心。国际湿地网络（Wetland Link International, WLI）是全球湿地教育中心伙伴相互沟通和信息交流的平台。很多著名湿地，如新加坡双溪布洛湿地自然保护区、英国伦敦湿地公园、韩国顺天湾湿地公园等湿地教育中心都是其成员。我国香港米埔自然保护区、香港湿地公园、台湾关渡自然公园等湿地教育中心也是这个网络的活跃成员。目前，大陆地区已有9个湿地教育中心加入WLI，包括上海崇明东滩鸟类国家级自然保护区、河北衡水湖国家级自然保护区、浙江杭州西溪国家湿地公园和广东内伶仃—福田国家级自然保护区等。

湿地教育中心在中国的发展

随着湿地教育事业的蓬勃发展，我国各地不断涌现出优秀的湿地教育中心，如浙江杭州西溪国家湿地公园、江苏常熟沙家浜国家湿地公园、江苏吴江同里国家湿地公园、广东内伶仃—福田国家级自然保护区、福田红树林生态公园、广东深圳华侨城国家湿地公园、广东广州海珠国家湿地公园等湿地公园/湿地自然保护区的湿地教育中心。这些湿地教育中心立足本地，积极引导访客体验和参与湿地教育活动，在提升公众的湿地保护意识方面发挥着重要作用。2018年9月10日，国家林业和草原局湿地管理司、保尔森基金会、老牛基金会和红树林基金会（MCF）共同发起“中国沿海湿地保护网络湿地教育中心项目”。该项目旨在通过发起建设中国湿地教育中心行动，整体推动中国沿海湿地宣教工作的专业化发展，为有效地保护沿海湿地奠定公众支持和社会参与的基础。与此同时，国内外很多保护组织也在积极尝试各种开展湿地教育的方法，并取得了显著成绩，如中国野生动物保护协会出版的湿地教育教材、世界自然基金会研发的环境教育教材以及相关培训、湿地国际（Wetlands International）推动的湿地学校认证等工作。这些都是我们接下来推动湿地教育的重要基础。

湿地教育中心
创建原则与基础条件

湿地教育中心因其自然资源和人文禀赋各具特色，而呈现出丰富的面貌。然而，从这些表象背后，可以看到它们都遵循着基本相同的创建原则，以及拥有近似的创建条件。

（一）湿地教育中心的创建原则

1. 保护优先原则

湿地教育中心的创建和运营，应以保护当地生态资源为前提，坚持保护优先原则，施行节约资源、尊重自然的工作方法。在建设时，尽量不破坏自然资源、自然景观和保护对象的栖息环境，减轻影响；鼓励对场所内已有的建筑物进行改造，使之符合开展湿地教育活动的需求。在制订教育方案时，以保护地已有的分区管理要求为前提，考虑当地的生态承载能力以及人数、噪声等可能对生物产生影响的因素。在教学活动中，倡导尊重生命、呵护自然的理念，严禁采集、捕捉野生生物。

2. 公益服务原则

依托各类湿地公园/湿地自然保护区建立的湿地教育中心，以提升公众对湿地的认知和理解，从而认同并支持湿地保护工作、促进湿地保护事业为目的。湿地教育中心开展的所有活动应遵守公益性原则，不以营利为目的，倡导有条件的湿地教育中心免费向公众提供教育活动。

3. 注重体验原则

设立湿地教育中心是为了引导人们走进湿地、亲近湿地、体验湿地。因此，中心提供的教育内容应注重互动性、体验性，鼓励参与者在真实的自然环境中进行户外观察、动手操作、亲身体验。

4. 基于本地原则

湿地教育中心的教育内容应聚焦于本地生态环境信息，体现其所在湿地公园/湿地自然保护区的自然环境特色和周边人文特色。在教育主题的选择和设计上，应避免空洞，注重联结本地信息，联结生态价值，联结真实的生活经验。教学内容应基于场所本身的生态保护意义和使命，以本地的重要保护目标和保护对象为课程开发和活动设计的素材。鼓励各个湿地教育中心打造特色内容，避免千篇一律。

5. 开放平台原则

湿地教育中心应积极吸引社会参与，成为湿地公园/湿地自然保护区调动各类社会资源参与生态建设的开放性平台。湿地教育中心可以根据当地实际情况，将部分工作，尤其是专业教育、教学工作，开放给社会组织、学校、社区、教育机构、志愿者团体、企业等。在涉及湿地教育中心的运营方案时，应充分考虑到能够和各种社会资源进行对接的工作空间。同时根据实际运营需求，设计灵活多样的合作模式和工作手段。委托运营、购买服务、组织志愿者等都是吸纳社会力量参与的有效方式。

（二）湿地教育中心创建的基础条件

1. 体现独特湿地生态系统的自然环境

《湿地公约》将湿地定义为天然的或人工的、永久或暂时的沼泽地、泥炭地及水域地带，带有静止或流动的淡水、半咸水及咸水水体，包含低潮时水深不超过6米的海域。湿地包括河流、湖泊、沼泽、近海与海岸等类型的自然湿地，以及水库、稻田等类型的人工湿地。

湿地既不同于陆地生态系统，也有别于水生生态系统，它是介于两者之间的过渡生态系统。湿地兼具丰富的陆生和水生动植物资源，形成了其他任何单一生态系统都无法比拟的天然基因库和独特的生物环境。特殊的土壤和气候为该生态系统培育了复杂且完备的动植物群落。

湿地以其丰富的类型、多样的生物展现于世。湿地教育中心应选择具有独特湿地生态环境的场所，将湿地形成于天地间的自然进程、受人类活动影响的人文进程，融入教育活动之中，向公众揭示湿地之美、湿地之殇和湿地亟待保护的事实。

2. 建立与公众的联结和沟通

湿地教育中心是湿地与人之间的媒介和桥梁。过去的经验告诉我们，保护事业要取得成功，不能“关起门”来做保护，还需要面向公众进行宣传，并与社区、媒体、学校，乃至社会大众进行沟通，要让公众对自然资源“可感知”“可体验”，秉承合作、共享、包容、服务的理念，凝聚共识，形成合力。

湿地教育中心应搭建湿地与公众沟通的平台，帮助自然保护地展示其开放的态度、去除“神秘感”，主要包括以下内容。

① 提供可以让公众方便地查询、了解、预约湿地活动的平台，如网站、传单、折页，以及湿地附近明显的交通指引、方向标识、入口的咨询服务等。

② 建设及时更新的湿地展示平台，传达湿地信息、活动预告、志愿者机会等信息。网站、自媒体、海报等都可以承担此任务。

③ 适合让访客进行湿地体验的场地和设施。无论是访客中心、步道、观鸟屋，还是教室和展厅，其目的都是帮助访客收获独特的湿地体验。湿地教育中心不是在湿地内再造一个相似的人工环境，或者在室内设计一个和户外环境无关的虚拟空间。湿地教育中心所处湿地的独特之处，需要使用访客能够接受和理解的语言，利用视觉、触觉等方式，通过各类教育活动让访客了解自然之语、湿地之语。

3. 长期开展教育活动

湿地教育中心的最终目标是提升公众的环境意识，引导公众关注湿地保护工作、参与湿地保护行动。公众环境意识的提升需要长期的影响和实践。湿地教育中心应顺应意识转变的客观规律，长期开展各类教育活动，采用多种手段和方式，合力提升公众的生态保护意识。

湿地教育中心应根据自身情况，制订一套可以长期执行的活动方案。湿地教育工作不应该以某个展厅的完成、某段解说路径设施的安装完成为终点，也不能局限于一年几次热闹的大型宣传活动。

中小学生正在开展户外观鸟活动

湿地保护需要公众参与

湿地，是与人类的生存发展关系最为密切的生态系统之一。人类的发源无不是从大江大河处开启。湿地因其兼具陆生生态系统和水生生态系统的特点，具有较高生态系统多样性、物种多样性和生物生产力；湿地通过水系的连接，在物质循环和能量流动中承担着不可替代的作用，被称为“地球之肾”“物种贮存库”“气候调节器”等。湿地的这些特点都为人类生产生活的延续提供了丰富多样的可能。人类在享用湿地带来的巨大福祉的同时，必须认识到湿地所面临的威胁和困境。

过去我们曾多以建立自然保护地、“圈起来”的方式管理受到人类活动威胁的生态系统，但完全杜绝人类干扰的保护方式并不适用于湿地生态系统。相反，引导居住于湿地的公众了解湿地、珍视湿地，唤醒他们与湿地生态和谐共处的意识，才能架起保护与生存发展的桥梁。只有每一个与湿地真正产生联结的公众，都肩负起保护湿地的责任和义务，人与湿地、生生不息的宏愿方可实现。

经过对人与湿地关系认知的深化和多年的实践，我们认为，以湿地保护为目标的湿地教育要引导公众走近湿地、了解湿地，形成对湿地保护强大的支持力量，可以从以下几方面着手。

① 针对湿地类型自然保护地的社区居民，形成社区共管的力量。社区居民，将因承担的社区巡护工作成为湿地保护最前沿的参与者，因所开展的可持续生计成为最佳实践者，因切身经验成为湿地保护最有力的宣传员。

② 针对成年公众，围绕湿地保护开展志愿者服务。湿地保护需要得到更多社会公众的关注和参与，志愿服务以面向公众的科普宣

传和参与性生态修复工作为主。例如，红树林基金会（MCF）2021年共有284名志愿者参与志愿服务，服务人次达2535人次，贡献服务时长7904.5小时，服务活动场次共计613场，服务公众27400人次，有力地支持了该机构开展的湿地保护行动。

③ 针对未成年人，通过自然教育方式，提升和培养湿地保护意识。有数据表明，在青少年时期参与自然活动、培养亲自然的情感，以及发展自然友好行为，能够有助于形成人与自然关系健康的价值观。自然教育活动以其科学性、系统性及丰富多样的活动形式，能够引发青少年对自然的兴趣和关注。唯有关注才有了解，唯有了解才有进一步认识自然、认识湿地的可能，同时为未来有更多保护人才、保护力量的加入奠定基础。

企业员工清理湿地外来入侵植物

落霞与孤鹜齐飞，
秋水共长天一色。

王勃

第二章

湿地教育中心行动计划

候鸟家园——福田红树林保护区鱼塘

湿地教育中心行动计划网站首页

湿地教育中心行动计划，由国家林业和草原局湿地保护管理司、阿拉善SEE生态协会和红树林基金会（MCF）发起，湿地类型自然保护地和各类社会组织共同参与，旨在通过提升自然保护地的湿地教育公众活动，探索公众参与湿地保护的新模式，为有效保护湿地奠定公众支持和社会参与的基础，进而推动湿地保护的长期发展。

背景与目标

截至2019年，中国湿地保护率已达到52.19%，拥有国际重要湿地64个，建成湿地自然保护区602个、国家湿地公园899个。这些保护地既是重要的湿地保护区域，也是进行湿地教育的最佳场所。2019年，国家林业和草原局发布了《关于充分发挥各类自然保护地社会功能 大力开展自然教育工作的通知》，强调了在保护地承担和发挥社会服务功能方面，自然教育起到的重要作用。湿地类型自然保护地以丰富的自然教育手段开展湿地教育，能帮助公众更好地了解和支持湿地保护。保护地管理部门始终是推动湿地保护教育工作的主体。从保护地管理部门的角度出发，规划为湿地保护目标服务的湿地教育体系，以建设湿地教育中心为抓手，进行整体规划、统筹推进，吸引社区、学校和公众走进湿地、了解湿地，应当成为未来湿地教育的重点。

随着湿地类型自然保护地的建设发展，全国各地不断涌现出优秀的湿地教育中心，如广东广州海珠国家湿地公园、江苏吴江同里国家湿地公园、广东内伶仃—福田国家级自然保护区、广东深圳华侨城国家湿地公园和深圳福田红树林生态公园等。这些湿地教育中心立足本地，积极开展活动，在提升民众对湿地保育的认识上发挥着积极作用。但我国湿地教育的发展尚未形成中国特色和国际影响力。

湿地教育中心行动计划，正是为了在新形势下，通过提升湿地类型自然保护地的宣教水平，建立湿地类型自然保护地与社会公众，特别是与中小学生的联结，搭建社会参与平台等方式，推动中国湿地类型自然保护地宣教工作专业化发展，帮助公众了解、认同、支持、参与湿地保护工作，共建湿地生态宣传教育的平台，探索湿地教育的中国模式，并展现中国湿地保护成效。为此，湿地教育中心行动计划的工作目标有以下几方面。

（1）引导公众参与，推动湿地保护

通过湿地教育的工作手段，加强自然保护地与公众的宣传、教育、交流和参与，通过湿地教育中心开展公众接受湿地教育的新型模式探索和示范，为每一片湿地培养“粉丝”。

（2）探索中国模式，搭建参与平台

依托自然保护地体系，搭建以保护地为主导、社会参与的共享共建发展机制，带动各地有志于湿地保护、具有专业能力的机构，包括大专院校、社会组织、企业、志愿者团体等，形成伙伴关系，共建湿地生态宣传教育的平台。

（3）提升专业能力，打造优秀样板

团结国内开展湿地教育的保护地，选择典型区域，擘画布局，打造一批具有地域、生态、不同发展特色为核心的湿地教育中心。

（4）展现保护成绩，引领国际实践

面向公众及国际舞台展现中国湿地保护及湿地教育的优秀成绩，成为世界湿地保护及湿地教育的引领力量。

城央果林（谢惠强 摄 / 广东广州海珠国家湿地公园 供图）

江苏苏州太湖湖滨湿地自然学校“湿地探险家”活动（苏州市湿地保护管理站 供图）

广东深圳华侨城湿地自然学校志愿者培训（广东深圳华侨城国家湿地公园 供图）

工作范围和工作领域

“湿地教育中心行动计划”围绕目标，从机制建立、行业赋能、经验交流、示范实践等方面开展工作，具体包括以下几方面。

1. 建立湿地教育体系发展机制

以湿地教育中心指导委员会为核心，设计系统的湿地教育体系，明确发展路线，对湿地教育中心发展的各项工作进行规划、统筹。在指导委员会下设立专家委员会，为湿地教育体系建设提供科学支撑，推动科学的、专业的湿地教育。

2. 开展多层次的行业赋能

以支持建立湿地教育中心、开展湿地教育规划及专项培训，以湿地类型自然保护地宣教工作人员、湿地周边教师和开展湿地教育课程的各类公益组织为主要对象，以提升其开展湿地教育的专业水平为目标，通过多层次的赋能活动，让湿地教育活动更具吸引力、引发更多公众关注，进而参与到湿地保护行动中来。

目前，已规划并开展的培训如下。

（1）湿地教育基础能力培训

培训对象：湿地类型自然保护地工作人员、开展湿地教育课程的各类社会公益组织、湿地周边学校教师。

培训内容：湿地教育概况、湿地教育中心创建概要、湿地教育活动体验等。

培训时长：1~2天。

培训简介：通过培训参与者可以了解我国湿地教育发展的背景、现状和未来方向，了解创建湿地教育中心的原则、基础条件以及核心要素，初步体验湿地教育户外活动。建立起基于湿地类型自然保护地这一特定场域开展湿地教育的基本框架，初步了解体验式、探究式户外活动的设计思路和原理。

培训用书：《神奇湿地——环境教育教师手册》《中国湿地教育中心创建指引（红树林基金会文库）》。

参考书目：《自然教育通识》。

（2）湿地教育核心能力培训

培训对象：湿地类型自然保护地宣教工作人员，宣教工作主管领导、有意愿在湿地教育工作方向深耕的社会公益组织、湿地周边学校教师。

培训内容：创建湿地教育中心的核心要素分析、湿地教育中心规划工具、湿地教育学校课程案例解析及规划练习。

培训时长：3~5天。

培训简介：通过培训，参与者能够结合本地实际情况，开展湿地教育中心的规划工作；能够开展专题性的湿地宣教活动以及具备初步研发自己的湿地教育课程能力。

培训用书：《神奇湿地——环境教育教师手册》《中国湿地教育中心创建指引（红树林基金会文库）》《走进海上森林——环境教育教学活动手册》。

湿地教育中心核心要素分析

湿地教育中心规划工作练习

(3) 湿地教育参与式工作坊

工作坊对象:拟以湿地教育中心方式开展湿地教育工作的湿地类型自然保护地工作人员以及需要在解说规划、课程设计研发评估、场域设施建设等领域获得专业提升的各界人士。

工作坊产出:湿地教育中心总体规划、解说规划、课程方案等(根据不同工作坊目标设定)。

工作坊内容:通过与参与者深入互动,对话沟通、共同思考以及调查分析等手段,达成参与者团队对湿地教育工作的共识,形成个性化方案。

工作坊时长:(单个目标)线下3~5天。

培训用书:《中国湿地教育中心创建指引(红树林基金会文库)》。

参与式工作坊的参与者共同梳理湿地信息

参与式工作坊的参与者在做内容小结

《神奇湿地——环境教育教师手册》

以水和湿地为主题的体系化环境教育课程。以探究式、体验式的学习方式为主，结合现行中小学校课程标准，适合湿地类型自然保护地以及开设相关主题课程的中小学校使用。所有活动经过了湿地教育中心工作人员以及学校教师的教学实践。

《中国湿地教育中心创建指引(红树林基金会文库)》

中国第一本湿地教育中心创建指南，在借鉴国内外湿地教育中心创建经验的基础上，提出了操作性较强的创建原则和规划路径，是湿地类型自然保护地宣教工作专业化必不可少的工具书。适合以湿地教育中心方式开展宣教工作的自然保护地以及对开展解说规划、课程设计、志愿者管理等方面有需求的从业人员阅读使用。

《走进海上森林——环境教育教学活动手册》

面向学校教师、自然保护地工作人员的教学指导手册。尤其适合红树林湿地区域开展学校课程活动作为参考借鉴。重点包括红树林生态系统代表性的红树植物、特有鸟类、潮间带生态、湿地生态修复工作等，帮助中小学生建立与本土红树林湿地的情感联结和红树林湿地保护意识。教学活动全部基于现有学校各科目教学目标及大纲，并按学级设计不同能力、知识要求，能够满足45~55人的整班教学需求。

《自然教育通识》

自然教育入门基础读物，梳理了自然教育行业在中国近十年的实践经验和思考，以通俗易懂的语言，呈现自然教育整体脉络和系统的通识内容，是一本刚进入自然教育行业的从业者，以及对自然教育感兴趣的机构或个人了解自然教育行业的入门书籍。

3. 建立行业专业交流平台

通过考察、交流、研究等方式，推动湿地教育专业发展。任何具有湿地特点的自然保护地或城市公园、湿地教育及相关研究机构、大专院校等皆可加入。以（双）年会、建设运营专业网站、开展成员间及对外交流学习等方式展示湿地教育成果。

目前，所运营的“湿地教育中心行动计划（cwc.mcf.org.cn）”网站，是专门为成员提供经验交流学习、互通行业信息的平台，设有最新动态、行业赋能、优秀湿地教育中心风采展示等版块。期望该网站成为成员间以及成员对外交流的平台与桥梁，将优秀湿地教育中心的经验和模式，推广到更多湿地类型自然保护地，以拓展其视野与眼界；吸引更多有志于湿地教育的社会公益组织进入，成为支持湿地类型自然保护地开展湿地教育工作的重要人员基础，以支持各地湿地教育中心的创建和运营；营造共同学习、打造不断创优的行业风尚，以共同进步的姿态推动行业整体向前发展。

2019 年第三届湿地教育中心研讨会

组织湿地教育教材研发讨论会

4. 推动湿地教育中心示范基地建设

优秀的湿地教育，需要通过湿地教育中心这一强有力的抓手开展工作。“湿地教育中心行动计划”将在全国范围内逐步培养、选拔出30~50个中国的湿地教育示范点。这些示范点，将着力从硬件、软件、规划、设计等方面进行提升，打造出具有国际水准、经得起国际竞争的湿地教育中心精品。

海南海口五源河国家湿地公园教育中心揭牌仪式

永远不要怀疑一小群
坚定的人能够改变世界。

玛格丽特·米德

第三章

我和湿地的故事

人与湿地（胡柳柳 摄）

塔头湿地（黑龙江洪河国家级自然保护区 供图）

本章选取了政府、保护区、学校教师、社会组织代表等从事湿地保护及相关工作的17个优秀人物故事。从这些人物故事中，我们可以看到在加入《湿地公约》的30年里，我国湿地保护事业的长足发展，看到在社会各界的共同推动下人与自然和谐共生的壮美画卷。

我们相信，以生态文明理念与新时代实践为动力，将有更多公众参与到湿地保护的事业中来，成为生态文明理念积极的传播者和模范践行者，为美丽中国书写更多生动的故事。

小小的勺嘴鹬牵动着护鸟人的心

自然教育，
政府与民间力量合作的多种可能

——冯育青

随着生态文明意识的加强，越来越多的人意识到湿地保护离不开生物栖息地的改善。但当下城市的无序扩张，压缩了动物的生存空间。人类活动的噪声，又深刻地影响着鸟类的鸣叫、求偶和觅食等行为。于是，不少地方纷纷建起了湿地类型自然保护，隔绝人类的干扰。这种传统的“堡垒式保护(fortress conservation)”模式常常需要将原住民迁出，竖起铁丝网，以期望自然自我调节，恢复生物多样性。大众只能在书本或者电视里，了解保护区生态，接受自然教育。

CWCA
MCF
红树林
基金会
我和湿地的故事
湿地行业管理创新先锋：以湿地为媒介，
以自然教育为方法，以多元主体参与为目标
冯育青
苏州市湿地保护管理站 站长

事实上，人为活动与湿

地保育不是绝对的排他关系。世界上许多湿地很早就有人生活、生产的痕迹。在湿地合适的区域里开展自然教育，将科学知识与在地经验结合在一起，传播给大众，更有益于可持续地保护湿地。

冯育青是苏州市湿地保护管理站（以下简称“湿地站”）站长，2009年起，他开始系统地对苏州湿地进行保护。苏州成为最早一批地方湿地保护立法的城市，率先建立湿地公园评价体系。而为人乐道的，莫过于建立了11所以湿地公园为基地的自然学校。这些成果都始于他的初心和对湿地行业管理模式的不断探讨。

“其实，湿地自然学校的想法，最早是在我陪女儿玩的时候想到的。”冯育青直率地说道，“我们以前经常带孩子出去玩，发现只要是周末，公园里一定挤满了爸爸妈妈和孩子。可公园里的自然活动却很单一。大人们不是带孩子看花钓鱼，就是坐在椅子上玩手机。我当时就隐约觉得社会上对自然教育的需求是很大的。”

江苏昆山天福国家湿地公园研学游

虽然冯育青经常在湿地公园做义务自然讲解员，但是一个人的力量始终是有限的。《苏州市湿地保护条例》出台后，冯育青与湿地站的同事们意识到法律只是底线，湿地保护需要整体社会意识的教育和提高。而湿地公园里丰富的水、土和动植物，就是最好的课本。

2012年，苏州湿地站在太湖国家湿地公园成立了第一所“湿地自然学校”，这是面向大众进行科普教育的场所。如今，湿地自然学校在全市培养了98名生态讲解员，设置了100个鸟类和20个水质观察点。近三年，开展自然教育活动1109次和347次的主题宣传、研学等活动，受益群众16.3万余人次。

湿地自然教育：从“认识自然”到“在自然中相处”

自然保护并非一蹴而就，苏州湿地自然学校的发展也一样。在刚成立的那几年，湿地自然学校的志愿老师们都是本地的观鸟或园艺爱好者。大家没有经过专业的培训，就从最基本的带孩子认识自然、观鸟、画植物开始。

由于人员缺乏，湿地站的同事们经常要自己上阵。从网上查找自然教育课程，听课，内部消化，再给湿地公园的一线解说员培训。他们会给湿地公园派发标准化的教具，比如，小小实验室里的烘干箱和马弗炉，也会帮湿地公园做一些简单的课程设计。“我们湿地站储物室现在还摆着当时留下来的酸奶机等一系列教学用具。”冯育青笑着说道。

随着自然教育活动场次的增加，冯育青也开始觉得力不从心。“我们开始反思自身的定位问题。”湿地站是对湿地进行行业管理的林业局下属政府机构，而不是自然教育培训老师的身份。冯育青萌发了“让专业的人做专业的事”的想法。而2015年的台湾之行，更是为湿地站与民间力量合作打开了一扇门。

2015年，冯育青参加了由台湾环境友善种子环境教育团队定制的

在江苏吴江同里国家湿地公园内，孩子们通过望远镜观鸟

“大小背包游台湾亲子活动”。这次活动不仅让他实地学习了关渡自然公园精细的湿地栖息地修复，更让他意识到自然教育，不仅是认识自然，更是孩子与家长、与别的孩子、与自然间关系的一种学习。冯育青回忆那段经历时说道：“我记得有一个家长在自然游戏问答环节特别想让孩子赢，一度帮孩子回答问题。自然教育导师会及时提醒家长不要过分干预。活动结束后，导师还鼓励孩子们互相写赞美卡片，送给今天在活动中交到的新朋友。”这些小细节让冯育青认识到，当家长带孩子接触自然时，家长往往是全能者的角色，而不是平等的陪伴者。而湿地作为媒介，自然教育作为方法，可以弥补这种亲子关系的缺失，培养孩子团队意识和社会边界感。

台湾之行在冯育青心里种下了一粒种子，他憧憬有一天，当人们再因为古典园林来苏州旅游时，也会余下一天的时间，通过网络报名参加一个附近的湿地公园自然教育课程。台湾之行，也为邀请外部专业机构来苏州一同发展湿地自然学校构建了基础。

在江苏吴江同里国家湿地公园内，孩子们正在观察湿地动植物

政府与民间自然教育机构的磨合

从2016年开始，不同的环境保护和自然教育机构开始对苏州湿地公园实行一对一指导，先后开展了解说系统规划、环境教育书籍编写和课程创设等合作项目。2017年，江苏常熟沙家浜国家湿地公园委托台湾环境友善种子团队制订湿地自然学校人员培训计划，根据湿地公园生态基底，打磨优质课程。位于芦苇荡的沙家浜本来就拥有丰富的旅游资源和红色文化底蕴，"芦荡火种，军民鱼水情深"的抗战精神家喻户晓。老师们的到来，更是为沙家浜找到了平衡旅游发展与湿地生态保护的新路径。

冯育青说："在湿地公园里，只要划定合理的边界，旅游与保护也能相互促进。"而这个协调剂就是自然教育。以前沙家浜的游客集中在湿

地公园外围的革命教育博物馆等旅游景点，而鹭鸟往往栖息在限制游客进入的保护区。这两个区域中间的缓冲带，就是开展自然教育最好的地方。自然教育需要人来，人需要好的生态环境和故事。老师们与江苏常熟沙家浜国家湿地公园讲解员一起，历时8个月，重新梳理了生态故事线，突出了曲折多变的芦苇荡是如何成为当年新四军伤病员的天然庇护所，形成了“红色是魂，绿色是根”的四套环境教育课程。

当然政府与民间机构的合作也需要经历磨合阶段。第一个挑战就是认知上的适应。以前湿地公园做自然教育往往以成果为导向，对软性知识的付费意愿不足，导致很难在市场上找到合作对象。在江苏吴江同里国家湿地公园与台湾永续游憩工作室郭育任老师合作的解说系统规划项目中，冯育青发现为了让每个湿地公园都有自己的故事，需要开展大量的人文历史调研和生态本底调查。设计一块解说牌，我们付的往往是“画一只鸟”的钱，却没意识到“为什么要画这一只鸟”也需要投入时间和成本。

苏州湿地自然学校揭牌仪式

第二个挑战是本地讲解员的学习积极性难以管理。自然教育是一门新兴的实践行业，目前的一线讲解员大多来自各行各业，因此需要接受很多外部培训。然而，自然教育培训不同于企业培训，很难立竿见影地看到效果和在短期内变现，这就需要自然教育学员有“延迟满足”的能力。自然教育既是一场对人的改变，也是一场对现有社会制度的新想象，它存在于日积月累的积蓄中。

湿地自然学校的“苏州模式”

经过10年的迭代，苏州湿地站建立了“行业引导+企业运作+志愿者助力”的湿地自然学校发展体系，不仅与世界自然基金会、台湾关渡自然公园、台湾环境友善种子等团队建立合作伙伴关系，更积极推进苏州湿地公园自然学校的内生性转化。按照建立苏州市林学会环境教育顾问制度，湿地站从社会招募专家，持续为湿地自然学校进行咨询指导，提供技术支撑。同时，明确了湿地自然学校组织架构，即一个专门负责自然教育的部门，一支不少于5人的生态讲解员团队，一套针对人员、地点、四季的课程。江苏昆山天福国家湿地公园更是成立了实训基地，为全国近400家湿地公园提供专业人才培训。

面对当前湿地自然教育人才缺失的棘手问题，冯育青却觉得这正是未来行业监管部门可以发挥优势的地方。他认为未来的自然教育，需要平衡“标准化”与“个性化”的问题。在地课程的制定需要个性化，而人才的培养却需要标准化。近年来他依托湿地站，举办全市湿地技术人才培训班，在苏州市人力资源和社会保障局打通湿地人才职称申报路径，同时颁发湿地生态讲解员证书，在全市建立星级讲解员考评制度，每年对讲解员进行综合评价，让湿地人才更好地显露出来，并将生态讲解员、宣教课程方案、自然教育活动开展情况纳入全市湿地公园考核评价体系。通过指标量化赋分后的排名情况以《苏州市湿地保护年报》的形式向社会公布。冯育青认为，培养自然教育人才，需要帮助学员找到动力，还需要清晰的学习内容和职业路径。

苏州湿地自然学校在锦溪户外直播观鸟活动。

苏州湿地站正在积极发挥行业监督的优势，为湿地自然教育搭建对外合作的平台和网络。让公众走进湿地、体验湿地、对湿地多一份认识和理解，从而对大自然产生敬畏和尊重，进而学会保护和爱护自然环境，这正是自然教育的意义，也是苏州湿地自然学校的宗旨所在。

正如生物学家爱德华·威尔逊的“亲生物性”概念所说，人类天生就有与其他生命形式接触的欲望。我们对开阔的草地景观、森林、湿地和牧场都有着强烈渴望和积极的心理反应。自然教育可以培养我们的亲生物性，增强我们的环境意识、生物多样性保护观念，帮助我们建立正确的社会交往的准则。

在自然保护新时代下，自然与生物不该只存在于自然保护区里。人类世界应更适应自然，积极地参与保护中。自然教育也会从一种行业，慢慢变成一种看世界的日常方式。

撰稿者：王婷

本文照片由受访者提供

在城市间维系
湿地与人和谐相处的微妙平衡

——卢刚

什么是湿地？是一亩池塘，或是一片滩涂？相对于森林和海洋给人们带来的直观感受，湿地的概念可能很少有人能清晰地描述出来。

湿地的定义有多种，目前国际上主流认同的湿地定义来自《湿地公约》，即湿地是指不论其为天然的或人工的、永久或暂时的沼泽地、泥炭地及水域地带，带有静止及流动的淡水、半咸水及咸水水体，包含低潮时水深不超过6米的海域，包括滩涂、红树林、湖泊、河口、沼泽、水稻田等多种类型，它们共同的特点是其表面常年或经常覆盖着水或充满了水，是介于陆地和水体之间的过渡带。

湿地的生态环境是水鸟喜爱的栖息地，更是人类"依水而居"的最佳选择，位于海南省海口市的五源河国家湿地公园就是这样的一片湿地。在这里，一边是湿地保护工作，另一边是热闹的人类生活。海口市畓蓨湿地研究所所长卢刚的工作，就是负责维持这座天平两端的平衡。

湿地是与人关系最密切的生态系统

3月下旬，有着"中国最美小鸟"之称的蜂虎如约来到海口五源河国家湿地公园蜂虎保护小区，筑巢、觅食、繁殖，这里是它们夏季"旅居"的目的地。几米外的观鸟屋内，观鸟爱好者正在静静地欣赏它们美丽的身姿，与这片绿地一街之隔，是海口市政府繁忙的车流和密集的住宅小区。

"现在，越来越多的湿地被改造成城市公园，串起了人们的休闲生活。"跟随卢刚的脚步走进蜂虎保护小区，迎面而来的大多是周边来晨跑的居民。卢刚说，五源河国家湿地公园的特别之处在于其坐落在城市里，也是少有的位于城市中的蜂虎繁殖地。作为海口西部的一条重要生态廊道，五源河湿地公园对全流域开展了保护规划，打通了森林、乡村、湿地、城市和海洋的通道，使得更多的物种可以由此迁移。

五源河，源起海口的羊山湿地地区，由南往北经过海口供水"主力"的永庄水库，穿过工业园区聚集的城郊地区，从海口市政府附近的入海口流入海洋。

而羊山湿地，则是卢刚与湿地保护结缘的起点，这都源于飞机上的偶然一瞥。

卢刚从小对动植物充满着好奇。2007年至2017年，卢刚担任香港嘉道理中国保育驻海南保育主任，负责在海南中部山区开展野生动植物的保育工作。2012年，卢刚从飞机上俯瞰，发现海口南郊有一片大小不一的水域和草地，这引发了他的好奇和关注。查阅文献资料，竟然没有发现相关这片地区的物种记录和报道。当年，卢刚发起了由嘉道理中国保育牵头的羊山湿地生态调查公众科学项目。

通过调查，羊山湿地共记录到水生植物62种、鸟类96种、两栖爬行类16种、鱼类44种、蜻蜓32种、蝴蝶134种、大型真菌60种，其中包括多种国家重点保护野生动植物。

羊山湿地丰富的生物资源令卢刚惊叹，也激发了他对湿地进一步探索的好奇。随后，卢刚还作为全球环境基金（GEF）海南湿地保护体系项目宣传教育专家，在海南开展了更多湿地保护的科研工作，也萌发了专职从事湿地保护工作的想法。

“湿地是与人关系最密切的生态系统。”卢刚一直在思考，人类发展如何与湿地保护共存？相比于静默不语的湿地，或许人是解答这个问题的切入口。

多方合力参与，实现湿地共建共享

2017年，卢刚与几位志同道合的朋友共同成立海口畓榃湿地研究所，专门探索和研究海南湿地保护和管理。“畓（duō）”意为水田，“榃（tán）”意为水塘，2个字有林有水有田，正是湿地生态系统里的重要元素。

“绝大部分的湿地与人类都是共生的关系，湿地是人类生产生活的重要资源。”卢刚介绍道，“与森林保育不同，湿地的保护更需要人的参与，需要管理者去寻找一个平衡点，使湿地保护与人类发展共生。”

“甚至说如果没有人类的干预，不少湿地都会退化。”卢刚举例，“例如，海口潭丰洋湿地的水稻田，每年仅有半年的时间适合种田，剩下的半年是野生动植物生长的‘窗口期’，如果人们长期不种植水稻，这片稻田就会变成草地，进而固化演替为灌木丛、林地，从而失去了湿地的功能。”

如此说来，湿地的保护不仅不能“封山育林”，还需要依赖一定的“人气”保持活力。

为了让更多的人参与到湿地保护中来，2019年，卢刚所在的海口畓畓湿地研究所与海口市湿地保护管理中心、秀英区湿地保护管理中心、红树林基金会（MCF）共同成立了海口五源河湿地教育中心，依托海口五源河国家湿地公园，开发针对不同受众的、具有地域特色的课程体系，并有计划地实施，让市民成为湿地保护的参与者和受益者。

海口五源河湿地教育中心针对中小学生，走进校园开展新学年开学第一课；海口市先锋学校学生制作手工泥陶，捏出五源河湿地里生活的动物和植物；孩子们用自然笔记的方式，“画”出对五源河湿地的感受……海口五源河湿地教育中心通过开展科普讲座，举办“发现五源河之美”“五源河的植物朋友”等特色活动，满足小朋友感受自然的好奇心。

此外，五源河湿地教育中心还开展“入侵物种清理劳动”等活动，让更多对湿地感兴趣的“大朋友”也参与进来。

拿起锄头，为蜂虎修整陡峭的崖壁；穿上水裤，清理五源河河道内肆意生长的空心菜和水葫芦。这些集体劳动的开展，让许多市民、机关单位和企业纷纷参与进来。

五源河上游的天然湿地

“我们想通过这些有趣的科普活动，为更多的人做自然启蒙，了解湿地，引导人们走入湿地、热爱大自然。”卢刚介绍道，“自海口五源河湿地教育中心成立以来，特色活动直接服务了超过2900人次，及时清理了河道入侵物种，守护了五源河湿地的生态系统。”

此外，在红树林基金会（MCF）和阿拉善SEE基金会自贸岛项目中心资助的海口五源河生态塘实施水生态修复项目中，卢刚培训护林员开展监测工作，并动员周边村庄种菜的阿姨加入生态塘的养护工作中，监测植物生长情况，并适时补种植物，共同守护着五源河湿地的一草一木。

让更多人走进湿地、了解湿地

为了让更多的人走进湿地、了解湿地，卢刚还做了更多的尝试。

2020年，卢刚推动海口五源河成为中国第一块湿地类型的“蚂蚁森林”公益保护地，这也是首个以湿地资源计算碳汇量的项目。

“蚂蚁森林”用户通过能量兑换，认领五源河一块1平方米的保护地，用于支持五源河湿地的生态环境监测、生态系统保护和修复工作。这个项目让1300万用户有机会参与到五源河湿地的保护中。

“要保护湿地，就要走到湿地中来，线上参与是网络时代了解湿地的一种新方式。”卢刚说，“湿地保护需要大量的支持力量，不能将这种力量局限在海口，还是要将五源河的美通过各种方式传递出去，形成社会面的保护力量。”

为践行这一理念，卢刚组织开展海口蜂虎摄影比赛、“你好，蜂虎”国际生物多样性日活动、“再见蜂虎”主题宣教活动、蜂虎摄影作品展等大型活动，通过活动吸引着越来越多人亲身来到五源河，通过蜂虎这扇“窗户”感受湿地的魅力。

据统计，目前五源河湿地已监测到鸟类133种、蜻蜓32种、植物449种、两栖类12种、鱼类33种。

海口五源河湿地公益保护地

现在的海口五源河国家湿地公园，俨然成为周边休闲娱乐的居民、观鸟爱好者以及外地游客的“打卡圣地”。这座嵌在城市间的湿地公园，成就了海口西海岸最美风景线，更是海口的一张新的城市生态名片。

“我希望湿地的保护和管理能够实现共享共建，将多方参与的力量拧成一股绳。”这是卢刚开展湿地宣教工作的愿景之一，他计划将五源河湿地教育中心的特色课程在更多学校、企事业单位推广和普及，期待更多的机构、企业、志愿者加入进来，进而带动全社会参与湿地保护工作。

正如社会生物学奠基人、生物学家爱德华·威尔逊在自传《博物学家》中写道：“每个孩子都有一段喜爱昆虫的时光，而我始终没有从中走出来。”卢刚也同样将这份对大自然的热情，义无反顾地投向五源河湿地。

“五源河湿地教育中心所做的这些努力，如果能激发普通人对湿地的喜爱之情，并促使他们带着这样的情愫走进湿地、保护湿地。”卢刚说，“那么，每个人都将能体会到人与自然和谐共生的魅力。”

撰稿者：谭琦

本文照片由受访者提供

让隐秘的风景
成为城市生态名片

——胡柳柳

你知道全国唯一一个位于城市中心的国家级自然保护区在哪里吗?

是的,就在深圳。1984年成立的广东内伶仃—福田省级自然保护区在四年后成功晋升为国家级自然保护区,它由内伶仃岛和福田红树林两个区域组成。位于深圳市福田区的红树林区域(以下简称“福田保护区”)东起新洲河口,西至深圳湾公园,形成一条沿海岸线长约9千米的“绿色屏障”。在深圳,这座中国人口密度最大的繁华都市的中心地带,这片绿色海湾呈现了城市与湿地、人与自然和谐共生的美好画卷。

我和湿地的故事
心中有花草树木，眼中有飞鸟鱼虫，
以一腔赤诚守护深圳方寸间生灵草木
胡柳柳
广东内伶仃福田国家级自然保护区
管理局宣教组 高级工程师
扫码阅读全文

2012年，带着兴趣和职业理想，胡柳柳来到这里工作。作为一名高级工程师，她目前主要负责福田保护区的宣传和教育工作，在这方城市中心的“隐秘风景”中践行着自己的生态保护理念。

保护工作需要被普通人看到和了解

福田保护区地处深圳湾东北岸，总面积仅有368公顷，是全国唯一一处在城市腹地、面积最小的国家级自然保护区。保护区与深圳河口南侧的香港米埔红树林共同形成一个半封闭的、与外海直接相连的沿岸水体，兼具河口和海湾的性质，咸淡水混合，并有潮汐作用，为红树林湿地的发育提供了良好的地貌与物质环境。而生长良好的红树林，又为底栖生物以及水鸟提供了栖息和觅食的场所。福田保护区生长着19种红树植物，记录到257种鸟类，其中，59种为国家重点保护野生鸟类。深圳湾作为东亚—澳大利西亚迁飞区的地理中点，每年有近十万只迁徙候鸟在这里越冬或中转。

常常有人将深圳人比作这座移民城市中的候鸟，为了梦想从家乡翩跹而至，深圳人坚毅奉献、逐梦先行的品格被赞誉为“红树精神”，但却很少有人知道，十万只候鸟千里迢迢奔赴而来也是因为这片红树林。

“从深圳的人口基数上来说，了解红树、候鸟的人还是太少了。”作为摄影爱好者的胡柳柳，经常利用工作机会，拍摄红树林里的花开果熟、鸟飞鸟落。“我的朋友圈最受欢迎的就是保护区里的这些‘宝贝’！”胡柳柳翻看着电脑中的照片说，“大家其实是有兴趣来了解自然的。”

2019年，胡柳柳调至宣教岗位。出于工作需要，她开始不满足仅仅在朋友圈的分享，而是利用更多的宣教方式，期待有更多的人能够从水鸟的千姿百态、从红树植物适应环境的秘密开始，真正地爱上自然。胡柳柳认为，隐藏在城市中心的这片原生红树林值得被更多人所看见、所感知。保护宣教工作者的工作使命，就是建立在普通市民对保护区工作的理解上的。保护工作做了什么、为什么这么做，市民们看见了、理解了，才能有后续的支持和参与。

让更多人共享生态福祉

福田保护区处在深圳城市繁华之地，普通市民依赖便捷的网络通信和公共交通，可以方便地完成进入保护区的预约和参访。但保护区又因为生态保护的限制，每日只能承载160人的访客量。如何让更多的人了解红树林、了解保护区，是胡柳柳希望破解的。

胡柳柳介绍道："2020年，在广东省林业局的支持下，我们建设开通了央视频'秘境之眼'在线直播，实现了24小时在线观鸟。"

黑脸琵鹭是深圳的明星鸟，因为形似琵琶的黑色长嘴，特别受到公众的喜爱。深圳作为全球黑脸琵鹭重要越冬地，在福田保护区有得天独厚的观赏条件。尤其在那些没有访客的无人区，黑脸琵鹭自如地休息、觅食、求偶。为了利用好宝贵的中央广播电视总台的资源，给全国观众提供更好的在线观鸟体验，胡柳柳的工作场地又增加了一个点——保护区的监控室，与同事轮流"蹲守"在设备前。

"这就是一份'毅力+运气'的活儿。"胡柳柳说道。2021年，根据黑脸琵鹭在福田保护区的活动情况，精选1000小时画面后剪辑而成的一分钟作品《嘴到擒来》，在国家林业和草原局与中央广播电视总台主办的《秘境之眼》精彩影像活动中荣获一等奖，收获8000多万的点赞数。"黑脸琵鹭成功破圈，成为鸟类'顶流'。"胡柳柳说，"我想每个为我们、为黑脸琵鹭点赞的，都是对湿地有所热爱的人吧。"

"监控镜头本来是24小时对着鸟的。"胡柳柳说，"有一天，从镜头中无意看到夕阳落下，余晖落在滩涂上、泛着光，还在觅食的鸟儿和红树变成了一个个剪影，远处是楼宇间的点点灯光。那一刻，我的心中充满感动。"

是的，从过去到现在，从白天到黑夜，深圳湾原始野性与繁华都市两种差异极大的画面，似乎证明着一代代环保人在湿地保护与城市发展间付出的智慧和努力，也是生态福祉全民共享的体现吧。

宣教人铆足劲跟上新媒体时代步伐

“现在就是一个学习的时代。”让胡柳柳发出这样感慨的是近年来盛行的新媒体传播手段。保护区传统宣传方式是利用展厅、展板加宣传册单向向公众输出的方式。在图文、视频加直播的互联网时代，传统方式已经远远不能满足公众对信息传播速度和质量的需求。“我们必须跟上时代的发展，”胡柳柳说道，“用公众喜欢的方式（传播），才能吸引他们的注意力，你向他们宣传湿地保护才成为可能啊。”在众多的环保节点，胡柳柳和同事们利用“内伶仃福田自然保护区”官方微信公众号，推出了丰富的科普内容，在注重科学性的同时，还用海报、长图、短视频、H5等多种形式，以趣味性向大众宣传自然生态和环保知识。优质的内容先后被学习强国、“i自然”、广东学习平台、深圳学习平台等“圈外”平台刊登转载，福田保护区又收获了一波波“粉丝”。

“下一步我们还计划利用视频号、短视频平台等，将平时积累的摄像素材制作加工成更易传播的内容，让更多人见识福田保护区的魅力。”2022年3月，借大批北飞候鸟过境深圳湾之机，福田保护区开通了线上观鸟直播，在保护区好吃好住的鸟儿凭日常的吃喝拉撒就受到了众星捧月般待遇，一个半小时的直播观看人数近5千人，点赞超6万次，弥补了市民因疫情不能进入红树林观鸟的遗憾。

自然教育助力中小学生与自然的情感联结

进行自然保护的宣传教育是我国自然保护区的管理职责之一，而中小学生正是保护地开展宣传教育的重要对象。青少年与成年人的学习方式和理解能力大有区别，专业知识或许不是最重要的，着力点应放在建立孩子们与自然间情感联结以及正确的生态价值观上。

福田保护区除了为中小学生开设正规的自然科普教育课程外，在胡柳柳与同事们的"挖掘"下，还开设了"红树讲堂"等一系列内容——每月邀请业内大咖讲师，与中小学生面对面交流；与福田区华新小学合作，将充满童真童趣的红树林童诗和红树林湿地主题摄影作品相结合，推动该校出版《萌娃诗韵　红树画情》；联合福田区名师工作室，邀请中小学生走进红树林，举办"红树林童诗飞扬"活动，保护区里的红树、飞鸟都成为孩子们创作的对象；与福田区教育局共同举办"生态写作暨福田校园文学实力作者群红树林观鸟笔会"……画作、诗歌、散文、小说等一系列的文学活动，激发了中小学生的想象力与创作欲，他们在保护区实地观察时更加细致入微、深入思考，并通过文字来表达自己对于红树、对于鸟类、对于人与自然的深切感情。

2020年受疫情影响，很多学校团队无法进入保护区开展活动。胡柳柳和宣教组的同事们主动联系深圳福田、宝安、龙岗、大鹏等各区的多所中小学，组织开展"红树讲堂"主题讲座进校园活动。讲师队伍不仅包括宣教人员，还有保护区科研监测一线工作的专业人员，深入浅出的内容受到了同学和老师们的热烈欢迎。2022年，"红树讲堂"开始线上授课，仅两场活动就有超过2000名身在家中、心向自然的中小学生参加。"这些上过公开课的学生，在疫情过去后，应该再亲身来保护区看看，那才是真正生动的、有吸引力的。"胡柳柳说。

在宣教组的努力下，福田保护区获得"广东省优秀自然教育基地"的称号，"红树讲堂"被评为深圳市"优秀自然教育活动样板"及"最受欢迎自然教育活动”。

十年树木，百年树人。为了环保基业长青，宣传教育工作正在培养一代又一代的“树木”人。

“每次走进保护区，我都会希望，深圳的每一个孩子不只享受到这个城市过去40年飞速发展带来的都市繁华，更要通过走进这片红树林感受到自然之美，理解历代深圳人为了保护它所做出的努力，将保护红树林、保护候鸟一代一代传承下去。”胡柳柳说，“只有这样，这座城市的未来才会越来越美好。”

撰稿者：魏秧子、核桃

本文照片由受访者提供

候鸟在福田红树林保护区鱼塘休憩（胡柳柳 摄）

用脚步丈量每一寸滩涂，用数据守护每一只水鸟

——李静

每年秋季对于江苏沿海的观鸟爱好者来说，都是一场不能缺席的盛会。

CWCA
MCF
红树林
基金会
我和湿地的故事
十六年间，她用脚步丈量江苏的每一寸滩涂，
用数据守护每一只候鸟，用画笔把爱鸟的
种子撒进每一个孩子的心中
李静
勺嘴鹬在中国 负责人
扫码阅读全文

坐拥954千米海岸线的江苏位于全球九大候鸟迁飞区之一的东亚—澳大利西亚迁飞区上。这里同时还拥有辽阔而优质的潮间带滩涂。在迁徙的高峰期，数以几百万计的迁徙水鸟都会在此时从位于北极圈附近的繁殖地来到这里觅食、换羽，待吃饱喝足后再度踏上旅程。

对于负责鸟类数据监测的水鸟调查员李静来说，秋季也是一年之中最忙碌的时间。

李静是环保组织“勺嘴鹬在中国”的负责人，同时也

是“中国沿海同步水鸟调查组”的志愿调查员，在江苏沿海“数鸟”一数就是14年。她并不是科班出身的鸟类研究学者，大学学的是经济专业，毕业后在一家外企工作。原本的生活轨迹与鸟类研究八竿子也打不到一起去，直到她喜欢上了观鸟。

2006年，上海举办了第一届市民观鸟大赛，推广爱鸟、护鸟的观念。李静也报名参加了，从此一发不可收拾。两年后，李静与朋友结伴在江苏省如东沿海观鸟时，意外观测到了全球种群数量不足600只的极危物种勺嘴鹬。这段经历让她和江苏结缘，也因此成为一名全职的水鸟调查员。

2014年，李静决定注册一个自己的环保机构，在江苏省沿海地区开展规律性的鸟类迁徙调查。取名字的时候，她希望这个机构能够成为候鸟的传声筒，让世界都能听见它们存在的声音。勺嘴鹬是江苏地区的鸟类中最有名望的“旗舰物种”，不如让它来带头发声。于是李静决定，“就叫‘勺嘴鹬在中国’吧。”

滨海滩涂是迁徙水鸟赖以生存的家园

“小勺子”，是人们对勺嘴鹬的昵称，因其嘴扁，形似勺子，且在觅食的时候会将嘴插入泥沙中左右翻找而得名。作为一种小型涉禽，勺嘴鹬的体长仅约15厘米。它的体形虽小，但却是名副其实的长距离迁徙水鸟——每年的春秋两季，勺嘴鹬都各要完成一次单程超过7000千米的旅行。

勺嘴鹬的繁殖地主要位于俄罗斯远东地区的冻原之上。在夏季完成繁殖之后，它们会前往中国南部的沿海地区和东南亚等地越冬。长途的飞行无法一次性完成，因此途中的补给是关乎勺嘴鹬种群存亡的大事。江苏的滨海滩涂就是勺嘴鹬在迁徙途中一个关键的“加油站”。

李静的工作是要对每个河口附近的滩涂上数以千计的水鸟们逐一进行辨认、统计。持续性的野外观测，一方面有助于及时掌握候鸟种群的数据；另一方面也可以更加精准翔实地记录从江苏过境的候鸟的活动情况，为保护滨海湿地生态提供可靠的数据支持。

一架单筒望远镜、一个计数器，再加一套速干衣就是她每次外出调查时的全部装备。

在大家的想象中，野外调查常和山野密林联系在一起，有大片大片的绿色，极珍稀的鸟常是躲在茂密的树林间，不可轻易被看见。而在现实里，李静的野外调查既没有树林，也没有草丛，只有一眼望不到边、不见一点植被的泥滩。濒危物种如勺嘴鹬，虽然难得一见，却是隐藏在了千千万万与它长得极其相似的鸟堆儿里。

在南迁途中来到江苏的勺嘴鹬，在还未换上银白的冬羽前，身披灿烂的橘红色繁殖羽。和同样红扑扑的红颈滨鹬们挤在一起时，隔着数十米远的距离，即使借助望远镜放大40倍，要把它们快速找出来依旧不是件简单的事情。调查工作时常会变成一场令人眼花的“找不同”游戏。

据李静介绍，位于盐城东台的条子泥湿地、南通如东的小洋口以及南通东凌的滨海滩涂是勺嘴鹬主要出没的几个地区。每年迁徙季节，约有200只勺嘴鹬会来此停留。这些鸟儿对栖息地非常忠诚。不仅同一只勺嘴鹬会年复一年地前往同一片滩涂觅食，它的子孙后代通常也会选择相同的地点作为迁徙途中的中转停歇地。因此，对李静来说，每年迁徙季节的野外调查，既是工作，同时也像是一场“老友聚会”：去年的那只勺嘴鹬，不知道今年是不是又来了？

但与此同时，李静表示，这种“忠诚”也意味着，一旦它们所熟悉的栖息地被破坏，这些鸟儿几乎很难再寻找到其他的替代点。事实上，有许多研究认为，栖息地的大面积丧失正是勺嘴鹬在过去几十年间数量急剧下降的主要原因之一。

根据世界自然保护联盟（IUCN）公布的资料显示，勺嘴鹬近半个世纪以来的数量近乎断崖式下滑：20世纪70年代，全球勺嘴鹬有2000～2800对；2000年，总数不足1000对；2003年，有402~572对；

2005年，有350~380对；目前，根据科学家的推算，勺嘴鹬成鸟数量仅有120～228对。与之相对应的，是在过去的50年间，整个黄海区域有超过三分之二的潮间带滩涂因围垦和开发而消失。对勺嘴鹬和栖息地的保护迫在眉睫。

用数据为迁徙水鸟筑起生命之墙

水鸟的活动受潮汐规律的影响。满潮时，它们会从滩涂飞到河口附近地势较高的高潮停歇地休息、补眠，待潮水退去后再返回滩涂觅食。在迁徙的高峰期，李静和同事们常常天还未亮就要收拾好装备，出发去“追鸟”。为保证数据的准确性，他们需要在满潮到退潮的这段时间里，对往返于高潮停歇地和觅食地的同一批鸟分别统计3次。

读旗标是观测时的重要一环。从2014年开始，“勺嘴鹬在中国”与东亚—澳大利西亚迁飞区伙伴关系协定（EAAFP）下的勺嘴鹬保育小组合作，负责对江苏省境内携带旗标的勺嘴鹬进行追踪和记录。环志旗标可以帮助科学家估算出在某一区域内勺嘴鹬的种群数量，确定它们在迁徙路线上的关键停歇地；同时，也有助于了解勺嘴鹬的迁徙规律。

仅在2018年，李静和江苏各地的调查员们就记录到了包括36个不同的勺嘴鹬个体在内的80笔旗标记录。其中，部分个体在之后又被位于广东、福建等地的调查员们记录到，把江苏的中转停歇地与中国南方沿海的几处越冬地逐步联系起来。一张勺嘴鹬在中国境内的迁徙地图逐渐清晰起来。

2019年7月，中国黄(渤)海候鸟栖息地被纳入世界自然遗产地，作为勺嘴鹬重要迁徙中停地之一的盐城东台条子泥滩涂也在其范围之内，受到最高级别的保护。作为给申遗提供了关键数据支持的李静和同事们为此感到欣喜不已，因为这也意味着，勺嘴鹬在中国终于有了一个官方认证的受保护的“家”。

李静老师在为孩子们讲解户外观鸟（冯军 摄）

申遗的成功同时还意外地带火了勺嘴鹬，越来越多的业余观鸟人和摄影爱好者都关注到了这个自带饭勺的“小萌物”。这也让李静和同事们再次意识到，公众对于环境与生态的热情一直都在，只是缺少了解的途径和机会。

于是在2020年，李静和同事们再次对申遗的数据进行了简化，绘制了图表，编写发布了第一份《江苏水鸟调查报告》，免费开放给公众。李静称，虽然数据的采集和研究应该是科学而严谨的，但对栖息地的保护却不仅只是学术圈的责任。通过最大限度地数据公开，她希望让普通民众也能了解到在离城市不远的滩涂上还生活着这样一群长着翅膀的邻居。

与此同时，勺嘴鹬在中国也开始通过机构的官方微博和微信公众号，向社会公开招募志愿者，鼓励对鸟类保护感兴趣的普通人一起加入调查。仅2019年当年，“勺嘴鹬在中国”就组织完成野外工作212人次，科普观鸟3000人次，活动范围覆盖了江苏95%以上的滨海湿地。李静说：“每个人都应该去了解我们所生活的这个世界，旅行是一种方式、去海边度假放空自己也是一种方式。那么，我们也希望有更多人可以选择通过野外观鸟来作为认识世界的一个途径。”

让科普走进校园，为师生推开自然之门

从一名普通的观鸟爱好者到致力于滩涂湿地保护的专业水鸟调查员，李静用了八年。在这个过程中，她切身感受到科普教育对于推动环境保护的重要性。回忆起16年前，第一次在上海参加市民观鸟大赛的经历，李静笑称，自己大概是这么多年观鸟大赛最成功的“产物”。因此，从“勺嘴鹬在中国”成立之初，社区宣传和教育就是机构工作的一大重心。

2014年，“勺嘴鹬在中国”首先与如东掘港小学的陈淼老师合作，将环保公益融入博物美育之中，打造了一个以水鸟保护为主题，依托于美术教育的勺嘴鹬教室。在这个主题教室里，学生们可以通过绘画和手工艺的形式，在动手的过程中学习、认识自己的家乡和与自己生活在同一片天空下的迁徙水鸟。之后，“勺嘴鹬在中国”又与如东市教育局取得联系，通过与美术教研组的冯军老师合作，把“勺嘴鹬教室”推进更多江苏中小学校的校园。

目前，“勺嘴鹬教室”已经在如东和连云港等地的12所学校成功挂牌。另有两个以自然科普为主的“勺嘴鹬小站”也分别在如东和浙江宁波落成。

李静介绍称，这些设立“勺嘴鹬教室”的学校通常都位于勺嘴鹬栖息地的附近，除了“主角”勺嘴鹬之外，也会向孩子们介绍本土的其他野生鸟类。“这些孩子在长大之后迟早也会走上工作岗位，成为做决策的人。如果教育能够帮助他们更好地认识自己家乡，或许等到那一天到来的时候，这些孩子们会做出更有利于环境的选择。”

“勺嘴鹬在中国”的工作人员，也会不定期地到学校为学生讲解水鸟新知，分享自己在野外调查时遇到的有趣的经历。其中，勺嘴鹬“01”三顾如东的故事是李静给孩子们讲解候鸟与湿地关系时，常会提及的一个例子。

红树林基金会（MCF）为保护勺嘴鹬设计的宣传海报

环志编码为“01”的“小勺子”是全球首只佩戴彩色编码旗标的勺嘴鹬。2013年的秋天，它第一次出现在了江苏如东的滩涂上，并被李静和同事们观测到了。在之后的三年里，“01”每年秋天都会准时出现在如东，甚至每次觅食的地点位置误差不超过1000米。它和妻子“02”号勺嘴鹬一共生育了17个孩子。这些孩子中的一小部分也会在迁徙季节来到如东，年复一年，如期而至。

通过勺嘴鹬“01”的家族史，李静希望能够帮助师生们更加切实地理解，“鸟类是人类最珍贵的朋友”并非一句空话。

守护迁徙水鸟，任重而道远

1758年，瑞典科学家卡尔·林奈在《自然系统》一书中首次为勺嘴鹬命名“*Platalea pygmea*”。在对勺嘴鹬的描述中，仅有一句“形同水果大小”。而今，265年过去了，人们对于它的认知依旧十分有限。但勺嘴鹬的种群数量却在急剧收缩。

幸运的是，不少国家针对勺嘴鹬开展的保育项目正在顺利有序地展开。通过人工繁育和野外放归，可以在短时间内，较快速地恢复勺嘴鹬的种群数量，为它们挣得一线生机。但究其根本，如何守护和恢复勺嘴鹬赖以生存的滩涂湿地才是解决它们生存困境的关键所在。

李静和同事们希望通过他们的努力发声，让越来越多的人认识勺嘴鹬，以及千千万万和勺嘴鹬一样依赖于黄海滨海湿地的迁徙水鸟们。个体的声音或许微弱，但当每一个音符汇聚在一起时就能谱出一曲恢宏的乐章，为生活在这片土地上的鸟儿们奏响生命的交响乐。

撰稿者：陈思

换上橙红色繁殖羽的勺嘴鹬（程立摄）

保护候鸟迁飞的事业永远年轻

——单凯

黄河三角洲:600万只鸟儿的家园

在众多湿地类型中,滨海湿地的地位特殊而又至关重要。

它是陆地生态系统和海洋生态系统的交错过渡地带,地处我国人口最稠密、经济最发达的东部沿海地区,既是数亿人口坚实的生态屏障,也是万千野生动植物赖以生存的家园。它提供的维持生物多样性、截留吸收营养物质、保护海岸线和调节区域气候等生态系统服务价值远高于相同面积的内陆生态系统。

大自然的馈赠无不诠释着生命的源泉与力量,为人类的未来发展提供了无尽可能。九曲黄河,蜿蜒万里,从青藏高原一路闯关

夺隘，在山东东营汇入茫茫大海，形成了面积辽阔的生态家园——黄河三角洲，吸引了600万只鸟儿来此停歇、繁衍和越冬。自1997年参加工作以来，东营市观鸟协会秘书长单凯始终在黄河三角洲从事鸟类保护与湿地生态系统研究工作。让更多市民认识鸟类、爱上鸟类、保护鸟类和湿地生态环境是他最大的心愿。

自然就像一面镜子，从中能看清人类自身

评价一座城市环境好，人们经常会用“花香鸟语”来形容。“花香”可以营造，“鸟语”却未必能轻易引来，想留住鸟儿最终靠的还是原真的自然环境。环境好不好，生态优不优，鸟类往往比人类更有发言权。

位于东营的黄河三角洲国家级自然保护区总面积1530平方千米，是我国暖温带最年轻、最完整的湿地生态系统。“这片湿地是东亚—澳大利西亚候鸟迁飞区的咽喉要道，更是名副其实的候鸟‘国际机场’，南来北往的‘客人’中有东方白鹳、黑嘴鸥、白鹤、丹顶鹤、大天鹅等60余种国家重点保护野生动物。”单凯自豪地说。

20世纪90年代末，单凯来到保护区工作，凭借扎实的专业功底，他多次负责权威媒体、专家学者来访的讲解和向导任务。“在这个过程中我开始思考，这么多人长途跋涉过来看鸟，我们守着家门口这么好的自然环境，为何不能让更多的市民走进自然、享受自然呢？”

这个偶然间萌发的灵感，指引单凯走向了观鸟护鸟、普及湿地教育的志愿之路。2004年，单凯和保护区同事、当地热心媒体人共同发起成立了东营市观鸟协会。

只有了解，才能更好地保护。协会建立之初，观鸟这项带有科普性质的户外运动在我国还很小众，东营当地的鸟种记录仅270余种。依靠少量科研人员的观察，必然会存在大量的监测空白，把东营市的观鸟爱好者组织起来，推广观鸟活动，摸清黄河三角洲的鸟类“家底”，是协会

初期的一项重要工作。

近年来，单凯作为主编或主创人员先后出版了《黄河三角洲鸟类》《黄河口野鸟识别》《黄河口观鸟指南》等多部鸟类科普书籍，详细介绍了当地鸟类的野外特征、生态习性、识别要点等信息，并提出开展观鸟活动的思路和方法，为开展观鸟为主题的科普教育活动提供指南。

在观鸟爱好者们的共同努力下，截至目前，观鸟协会记录到的新鸟种超过120种，其中30余种为山东省新记录。协会摸清了东营鸟类资源的种群、数量及分布情况，建立了东营的鸟类数据库，为开展湿地自然教育打下了坚实基础。

随着观鸟运动的推广，观鸟协会科普教育活动的频次不断增加、规模不断扩大。自2013年开始，协会在原有“爱鸟周”活动的基础上，逐步利用“世界野生动植物日”“世界湿地日”“世界地球日”“国际生物多样性日”等节点，在校园、公园和社区等地开展科普展览和爱鸟讲座，近年来年均参与人数超过4万人次。

“观鸟就是观自然，而自然就像一面镜子，让我们从中看到了人类自己，看到了人类对待自然的态度和方式。人们能够通过观鸟净化心灵、陶冶情操，从关注鸟类、尊重生命到敬畏自然、保护环境。”单凯说。

让鸟儿“飞”进校园，“留”在校园

我们的未来，取决于为未来而做的教育。单凯始终认为，在与自然隔阂愈深的现代城市中，引导成长中的青年一代重建与自然的联系，唤醒他们与自然的共情非常重要。

从2006年开始，协会就在垦利县黄河口镇中学举办了校园鸟类科普讲座。在走进中小学开展科普讲座的过程中，单凯也在思考：一场讲座能覆盖的人数有限，一场讲座种下的种子若没有持续的滋润未必能萌发。鸟儿“飞”进校园容易，如何才能长久地“留”在校园里？

2016年1月，东营市育才学校获得了“全国未成年人生态道德教育示范学校”称号，这是当年山东省唯一获此殊荣的学校。单凯和同伴们受此启发，积极融入东营市关心下一代工作委员会未成年人思想道德教育工作中。

针对中小学校普遍缺乏生态道德教育实践经验、师资力量匮乏的现状，在单凯等人的推动和政府的支持下，2017年5月，东营市观鸟协会开展了东营市未成年人生态道德教育辅导员培训班，对全市60多名中小学教师进行了培训，并在19所中小学建立了未成年人生态道德教育实践基地。

为了将湿地保护宣传教育活动与学校教学工作有机结合起来，东营市观鸟协会提出了“建设湿地学校，守护湿地城市”的目标。2019年5月，东营市多部门联合下发了《关于开展“湿地学校”建设的通知》，要求各学校配套软硬件建设，创新活动载体，开展湿地科普教学活动。

2020年，由单凯参与编写的未成年人生态道德教材《美丽家乡——黄河口》出版发行。这本教材共编排16课时，通过图文并茂的方式介绍了黄河口的生态特色和相关的生态知识，已推广到全市数十所中小学使用。

“有了专业的师资、专门的教材，湿地保护的科普教育从过去的体验式教学成了学校的一门必修课，教育成效远超过去。”但单凯还不满足于科普教育仅仅停留在课本上、幻灯片上。他和协会成员共同研发了野外观鸟、笔记大自然、鸟类迁徙游戏、东方白鹳科考等研学精品课程，带领广大学生在自然中收获感动。

“梁上有双燕，翩翩雄与雌。”在城中筑巢繁衍的家燕是人们熟悉又有亲近感的鸟类，但随着城市快速发展，许多燕子无法找到合适巢址，面临着生存危机。2017年，单凯指导东营市胜利第四中学和东营市实验中学学生进行家燕调查活动，了解家燕活动、繁殖以及巢址分布情况，亲身体悟人类活动对自然环境的影响。参与项目的张清泽、单思哲和张清云3名学生在2017年“联合国中国青少年环境论坛”上介绍调查成果，并获得了“优胜”证书。

这个获奖消息在当地很是轰动，大大激发了孩子们参与生态保护实践的热情。在家燕调查基础上，这几年新推出了“爱燕之家”“让燕子住我家”等2.0版，同学们亲手组装人工巢托，解决家燕筑巢难的问题。

单凯相信，好的教育必须要建立信心，在实践中收获保护自然的成就感。“当新生的小燕子破壳而出，孩子们知道自己付出的努力可以为自然带来改变时，那粒种子才算真正发芽了。”

云端上的守护：让爱鸟护鸟成为全民共识

2022年5月20日傍晚，行走在东营市北郊六干苗圃一带，能看到树干上筑满了白鹭、池鹭、夜鹭的鸟巢。此时正值鸟类的繁殖季，天空中随处可见鹭鸟忙碌翻飞的身影。

这幅美丽的生态画卷来之不易。

黄河入海（丁洪安 摄）

把时间拨回2012年，那时东营市规划中的德州路东延项目将穿过苗圃，如果开工势必会把这片鸟类栖息地破坏殆尽。单凯和协会成员们发觉这一现象后立刻向有关部门多次交涉，并向政府递交了《关于保护六干苗圃白鹭繁殖地，调整金湖银河工程施工规划的请求》。收到信息后，东营市政府高度重视，提出“要确保鸟类栖息地得到有效保护”的要求，并将此处命名为“白鹭园湿地”。至此，这片鸟类的繁殖地得以保留，道路项目向北多绕了200多米，投资增加5000万元。

“坚持生态优先、绿色发展已成为社会共识，这个过程需要保护组织、专业机构向政府提供更多、更及时的专业建议，紧密合作，共建我们的美丽家园。”单凯说。

东营也有着“东方白鹳之乡”的美誉。2003年起，东方白鹳开始在黄河三角洲筑巢，东营成为这一濒危物种在全球最重要的繁殖地之一。

2016年，观鸟协会发现除了黄河三角洲国家级自然保护区外，东营境内还有大量东方白鹳分布，但对它们的现状还知之甚少。2017年，在拉网式调查中，协会成员发现保护区外足有36对东方白鹳栖息繁殖。让他们心痛的是，保护区外的所有鸟巢都在高压输电线路的塔架顶端，有部分鸟巢被电力部门巡线时拆除，这也意味着新的生命就此断绝。

"我们很理解电力工作者的苦衷，这种大型鸟类在高压输电塔架上筑巢容易引发线路故障，影响电网的可靠运行。"单凯介绍，协会于2019年1月协调多家电力公司和市森林公安局共同举办了座谈会，研究制定了"同塔移巢安置法"、改善塔架结构、在塔架安全位置安装人工巢架等多项措施，用科学手段解决保护与供电的矛盾。意识到东方白鹳的保护意义后，电力部门的工作思路由拆巢驱鸟转变为守巢护鸟，并组建了护线爱鸟队，用心守护东方白鹳的"铁塔家园"。

2022年3月28日，山东东营供电公司护线爱鸟队队员惊喜地发现，220千伏海裕线33号铁塔上的5只鸟宝宝全部成功破壳。截至2022年5月，巡检人员已在输电线路铁塔上发现了70多处东方白鹳鸟巢，这些铁塔上诞生的新生命频频登上热搜，成为东营新的城市名片。

"把爱鸟护鸟知识送进社区、送进校园，能够影响的还是小部分人，想让绝大部分市民认可保护生态环境的意义，树立正确的生态观，需要政府行胜于言，起到表率作用。"单凯认为，电网向白鹳"妥协"、道路为白鹭"让道"，这本身就是一堂生动的自然教育课，"这堂课的受众是全体市民，他们能从中真切感受到发展理念的转变和政府扭转当前生物多样性丧失趋势的决心。"

保护候鸟迁飞的事业永远年轻

正如著名自然纪录片导演雅克·贝汉所言:“鸟的迁徙,是一个关于承诺的故事,一种对于回归的承诺。”单凯希望,这份承诺能够传承给我们的子孙后代,让纯净壮阔的大自然永葆生机。

29岁参与创建东营市观鸟协会时,与单凯并肩作战的队友仅寥寥数人;近18年过去了,协会会员已达200多人,涵盖了科研人员、企业职工、教师、记者、学生、环保人士和摄影爱好者,其中更是不乏许多年轻的面孔。“我们终将老去,但保护候鸟迁飞的事业永远年轻。”

撰稿者:周梦爽

本文照片由受访者提供

观鸟(后者为单凯)

以鸟为媒，做城市自然生态的倡导者

——田穗兴

CWCA
MCF
红树林
基金会
我和湿地的故事
聆听人与自然的对话，
做自然教育的引路人
田穗兴
深圳市福田中学 高级教师
2021深圳自然大使

滨海湿地是陆地生态系统和海洋生态系统的交错过渡地带，是地球上生物多样性最丰富的生态系统之一。位于深圳和香港两地之间的深圳湾（又称后海湾），由深圳一侧的广东内伶仃—福田国家级自然保护区、福田红树林生态公园、深圳湾公园以及香港一侧的米埔国际重要湿地、香港湿地公园等保护地环绕。东亚—澳大利西亚迁飞区是全球九大迁飞区中最大且最繁忙的鸟类迁飞区，涉及全球22个国家，每年有超过210种的5000多万只迁徙水鸟利用该迁飞区进行迁徙。深圳湾正好处在东

亚—澳大利西亚迁飞区的中点，是水鸟迁徙重要的越冬地和“中转站”。田穗兴，20余年间身背望远镜，一直在用脚步丈量着这片海湾。他有着多重的身份标签：福田中学生物教师、深圳观鸟协会常务副会长、鸟类监测调查员、生态摄影师……最令田穗兴自豪与满意的是2021年获得的“深圳自然大使”称号，因为这一称号囊括了前述所有标签的工作内容，包含了他对自然的爱，是他将热爱转化为使命的体现。

鸟类是湿地故事的讲述者

福田中学生物教师田穗兴很早就参与了深圳的鸟类监测，与自然结缘从鸟而起，特别是被誉为深圳湾“明星鸟”的黑脸琵鹭，更是与田穗兴颇有渊源。黑脸琵鹭因其扁平如汤匙状的长嘴，与中国乐器中的琵琶极为相似而得名。黑脸琵鹭通常在朝鲜半岛等地繁殖，冬季在我国华南、海南以及越南、菲律宾等地越冬。深圳湾是黑脸琵鹭全球重要越冬地之一。从1994年起，黑脸琵鹭全球同步调查由香港观鸟会统筹进行，最初全球只记录300只左右，因而被世界自然保护联盟（IUCN）列为濒危（EN）物种。2021年，黑脸琵鹭被列为国家一级重点保护野生鸟类。

2007年11月，田穗兴在深圳湾附近拍摄到一只环志编号为“K74”的黑脸琵鹭。他通过查阅相关资料得知，这只黑脸琵鹭是当年在韩国繁殖并环志的。环志是在研究鸟类迁徙等活动中使用的一种科学方法，通过给鸟带上具有不同意义的彩色标签，科学家通过监测和记录可以了解环志鸟类的个体运动从而确定其迁徙线路、时间、停歇地点等。田穗兴的照片成为这只编号K74的黑脸琵鹭环志后第一次有记录的观测。“能为黑脸琵鹭越冬和迁徙的研究提供一些环志信息资料，是我的荣幸。”田穗兴感慨地说。

还是这只K74，田穗兴拍摄到它的一张“回眸照”，成为黑脸琵鹭全球两大越冬地深圳和中国台湾联手进行候鸟保护的见证，在2016年，由时任红树林基金会(MCF)秘书长的孙莉莉女士作为礼物赠送给台北野鸟学会。

据田穗兴介绍,每年10月起黑脸琵鹭等数以万计的迁徙候鸟就会到达深圳湾过冬。黑脸琵鹭和其他迁徙水鸟一样,种群数量高度依赖繁殖地和越冬地的环境和气候条件。迁徙候鸟冬季在越冬地安全过冬,维持其种群数量,是来年数量增长的前提条件。为了给黑脸琵鹭等众多水鸟提供更好的栖息环境,从20世纪80年代起,深圳不仅在城市腹地建立了全国最小的国家级自然保护区,而且积极探索湿地保护策略,对保护区内的鱼塘进行适合水鸟觅食、栖息的环境改造。田穗兴指着改造后的鱼塘说:"让黑脸琵鹭等鸟类在深圳湾吃好住好,它们才会每年都飞回来啊。"从事鸟类观测和调查十余年来,田穗兴对鸟类活动细微的变化特别敏感。从2014年5月1日深圳湾海域设置禁渔区开始,人类活动对鸟类行为的干扰因素大大降低;咸淡水交叠的深圳湾红树林滋养着种类繁多的鱼、虾、蟹等水鸟喜爱的食物,广阔的湿地为它们提供了必要的"衣食住行"等便利条件,这确实是吸引着候鸟年年到访的根本原因。

"监测工作有风吹日晒雨淋的辛苦,但也常常会带来很多意想不到的惊喜。"田穗兴说,"弹涂鱼是深圳湾最常见的底栖动物,但黑脸琵鹭捕食弹涂鱼是难得一见的。在一次监测过程中,潮水已经漫过滩涂,照理说,弹涂鱼已经钻到泥洞里了,黑脸琵鹭还能捕到它,真是太神奇了。"田穗兴回忆起当时的画面,仿佛还在为品尝到美食的黑脸琵鹭而高兴,"自然的惊喜时常都在,这也是我常年坚持这项工作的基本原因。"

2022年全球黑脸琵鹭调查工作,在全球共设置了150个监测点,深圳观鸟协会负责深圳地区新洲河口、凤塘河口、保护区鱼塘、沙河口、深圳湾公园A区5个监测点的调查工作。监测数据表明,全球黑脸琵鹭总数继2019年突破4000只,2021年突破5000只后,2022年突破了6000只,其中,后海湾(深圳湾)数据增长9.8%(包括深圳和中国香港两地),达到369只。田穗兴说,黑脸琵鹭越冬栖息环境的改善是数量增长的原因之

黑脸琵鹭“K74”（田穗兴 摄）

一。鸟类所讲述的自然生态故事的背后，需要自然保护工作者进行更深入的科学研究，挖掘监测数据反映的情况，适时调整保护策略和方法。

让自然走进更多中小学生

作为教师的田穗兴，深知“兴趣是最好的老师”这句话的含义。他希望能够通过自己的课堂，将对鸟类和自然的喜爱与热情分享给更多的学生。

回溯20年前，以全面推进素质教育为目标的新一轮课程改革要求，教师能够创造性地进行教学，开发适合本校实际的校本课程，注重培养学生的独立性和自主性，引导学生质疑、调查、探究地开展学习。田穗兴认为，这是个非常好的、在学生中推广环保理念和知识的契机。2002年，他以观鸟作为切入点，为所在的福田中学开设了《福田红树林自然保护区与观赏鸟类》校本课程。

他的课程内容从深圳的鸟类扩展到深圳的红树林、深圳的湿地和生物多样性；教会同学们利用望远镜等工具进行观测、记录，认识不同的鸟类；带领同学们从教室拓展深入红树林湿地进行实地的考察和学习。田穗兴说，学生在野外研习中发现问题，去做一些研究性学习和课题，与保护区工作者面对面交流，完成研究性学习报告，会在潜移默化中提高学生的综合素质和自然保护意识。2007年，田穗兴指导学生完成的研究性学习报告《深圳中心公园鸟类初探》，获得了第22届广东省青少年科技创新大赛银奖。通过鸟类这一湿地精灵，学生们逐渐理解湿地不仅是人类的家园，也是鸟类的家园，而且加深了对家乡深圳这一移民城市过去、现在和未来的了解，包括历史和经济方面的，更多了生态建设方面的，有的学生还因此规划了未来的职业发展方向。

田穗兴说，中学阶段，正是青少年价值观、人生观形成的重要时期，在青少年中开展丰富的环保活动有助于他们建立健康的生态价值观。因此，在福田中学校内，田穗兴不局限于为本班同学教授校本课程，还利用爱鸟周、世界候鸟日、世界湿地日、世界环境日等具有重要意义的环保节点和纪念日，以及学校科技节、学科周等一切机会，以讲座、展览等形式面向全校进行环保教育。

看到了自己学生的变化，为了让更多青少年从自然中获益，作为深圳观鸟协会常务副会长，田穗兴协同观鸟协会成功地将观鸟竞赛引入福田区青少年科技节，成为各个学校竞相参加的“爆款”活动。2021年的观鸟竞赛，以深圳湾为比赛场地，吸引了45支中小学生队伍参赛。田穗兴说：“自然充满着无限可能，鸟类更是自然界灵动的代表。观鸟活动就像一座桥梁连接起孩子和自然，让学生在观鸟的过程中感受人与自然的联结，感受自然的美好，不断汲取自然的力量，身心健全地成长。”

进行观鸟公众讲座的田穗兴老师

福田区青少年科技节观鸟竞赛获奖现场（左一为田穗兴老师）

把热爱变成使命

2014年开始，深圳出现了第一批设在保护区和公园里的自然学校。作为滨海湿地型城市，观鸟课程是这些自然学校必不可少的内容之一。在深圳“鸟圈”，田穗兴是有口皆碑的一本“行走的观鸟教科书”。“深圳有记录的野生鸟类共405种，我拍到了近400种。”田穗兴很自然地被自然学校聘任为志愿者观鸟导师，开始向成年人传授自己的一身本领。与培养学生不同，除了如何听音辨鸟、如何通过飞行姿态辨识鸟种、如何成为一名合格的生态解说员等成为志愿者培训中的重要内容外，田穗兴将自己观鸟经验和教师经验倾囊而出。用他的话说：“独木难成林。自然需要更多的‘翻译官’，将它的精彩展示给公众。”目前，田穗兴培养的志愿者仍然服务在深圳多个自然学校。

作为深圳市观鸟协会常务副会长，参与鸟类普查及环境监测、建立深圳野鸟基本资料库是田穗兴的一项重要工作。自2004年以来，田穗兴利用监测工作的便利拍摄到中国分布的野生鸟类超过1000种。他的摄影作品不仅被收录在正式出版的《中国鸟类图鉴》《中国鸟类图志》和《中国鸟类识别手册》等书籍中，也越来越多地出现在深圳自然学校的展厅、宣传手册和培训资料里。

田穗兴说：“一张好的图片或者一段有意思的视频，是一种有效的视觉刺激，特别能够激发公众的兴趣和对自然的向往。”每当在福田红树林生态公园展厅中看到访客驻足在整面的鸟类照片墙前议论风生时，田穗兴的心中总是特别欣慰。借助田穗兴的镜头，公众能感受生动而真实的鸟类世界，也能够通过对鸟类这一大自然飞翔的精灵的认识与了解，将城市与自然、人类与鸟儿密切地联系起来，引发人类对于保护自然的内心共鸣。对田穗兴而言，拍摄照片的辛劳与喜悦，远远抵不上传播对于生命、对于自然礼赞而带来的敬畏与感动。

“一开始观鸟只是个人兴趣，在学校开设校本课程也好、培养更多环保志愿者也好、拍摄照片和视频也好，随着拍摄记录的越来越多，面向的群体越来越多，‘深圳自然大使’的称号更像是帮助我在践行教育工作者的使命。”田穗兴说，“深圳得天独厚的山水林田湖海自然资源，是人与自然和谐相处不可或缺的空间基础，我将借助自然的感召力、感染力，唤醒每个人与生俱来的真、善、美，使之与深圳自然的山与海相映生辉。”

后记：

2022年5月15日11:45左右，田穗兴在福田红树林自然保护区进行鸟类调查时发现一只雄性棉凫（fú）。这是福田红树林自然保护区近20年首次记录到该种鸟类。据了解，最近深圳及周边遭遇暴雨，这只棉凫可能是遇到恶劣天气而选择在深圳停歇。鸟类迁徙途中因需停歇补充体力，或者是碰到恶劣天气、体力不支、生病等原因，需要在附近临时落脚，才能顺利飞回繁殖地或越冬地。保护湿地，才能更好地帮助候鸟完成它们漫长的旅程。

撰稿者：魏秧子、核桃

本文照片由受访者提供

资料来源：内伶仃福田自然保护区公众号

棉凫（田穗兴 摄）

不负初衷的承诺

——许林

三四月的北京寒意尚存，但黎明即起，野鸭湖国家湿地公园的观鸟台上早已架起了长枪短炮，远山近水，此时是观赏大天鹅、小天鹅与疣鼻天鹅的最佳时机。

MCF
我和湿地的故事
从记录者、实践者到传播者，
生态环境保护的初心不改
许
林
北京市延庆区自然保护地管理处
社区志愿
扫码阅读全文

野鸭湖，位于北京市延庆区，因野鸭聚集而得名。1997年成立的野鸭湖县级湿地自然保护区，总面积6873公顷，是北京市最大的自然湿地，是由河流、人工湖泊、沼泽和季节性泛滥地等多种湿地类型构成的复合型内陆湿地，是华北地区最大的鸟类迁徙中转站，也是东亚—澳大利西亚候鸟迁飞区内重要的鸟类驿站。每年春秋迁

徙季，在此区域内停歇、繁殖以及越冬的水鸟总数累计达百万余只，以雁鸭类的种类和数量最多，和野鸭湖的名字相得益彰。

在延庆区自然保护地管理处任职的许林，从小生于斯长于斯。原本从事记者工作的他，足迹踏遍延庆的山山水水，受这里的风物人情的感召，13年前开启了专职的野生动物救助和宣教工作生涯。

爱且勇敢，让他与湿地“双向奔赴”

2007年，刚刚毕业的许林成为延庆区广播电视中心的记者，彼时野鸭湖刚刚成为国家湿地公园（试点）（以下简称“野鸭湖湿地”）一年多。延庆是北京打造生态涵养区的重点区县，也是身为记者的许林进行采访报道的重点区域。和幼年成长记忆中割草放牧、植被荒芜的野鸭湖不同，许林发现从1997年设立自然保护区到2006年升级为国家湿地公园（试点）的十年间，野鸭湖开始逐渐显露出它青山碧水、漫天飞鸟的一面。一年四季，野鸭湖景观多样，冬春的天鹅、大鸨、鹰隼，要么昂首鸣叫，要么翱翔天际；夏秋时，觅食的鹤、鸥和鹭穿行于芦苇荡中……没有哪一处不让身处其中的人亲近美而受到陶冶。野鸭湖的自然生态得到逐步恢复，植物种类和观测到的鸟类也在逐年增加。“那时的我，对于生态修复等领域还是‘门外汉’。”在采访工作中，许林开始接触了解让他感动的保护工作者的故事：保护区第一任主任刘玉金顶着乡亲责难的压力推进保护工作、副主任刘雪梅说起野鸭湖眼里闪着的光芒……在这些故事的引领下，许林看待野鸭湖的眼光开始发生着改变：更多地从生态角度考量家乡之美、家乡之变。

在一次报道“爱鸟周”系列宣传活动的启动仪式上，一位80多岁高龄的退休老职工梁秋凤老奶奶现场展示了自己创作的名为《百鸟乐园在延庆》的书画作品，同时畅谈创作感想。许林被老奶奶体现在画作中的对于自然最赤诚的热爱所打动，也强烈地感受到自己由心底为守护这份美和热爱而发出的声音和动力。谈起这段促使他决定转行成为一名保护人的往事，许林戏谑那是他与湿地“双向奔赴的爱”。

学而专精，走近湿地的唯一方式

一腔热情转行来搞野生动物保护的许林初时遇到了许多困难。缺乏系统专业的知识积累，缺乏野生动植物救护和湿地保护的经验，尤其让许林苦恼的不仅是救助站硬件条件的极度缺乏，更是人员严重不足，缺专家、缺志愿者，好多专业上的硬骨头就靠着自己坐冷板凳的苦熬和苦读。

那时候野生动物救助站只有六个笼舍，功能单一，救助回来的动物，大大小小都有。许林观察到，因笼舍的限制无法根据病因对动物进行隔离，有些大型动物因笼舍太小，没有安全感而撞击笼舍，造成二次伤害。为了更好地救助保护这些野生动物，有些甚至是濒危的野生动物，许林意识到救助站笼舍升级的重要性。他到处参观比较成熟的自然保护区的救助站，查阅不同动物笼舍需求资料，搜寻动物救助讲座资

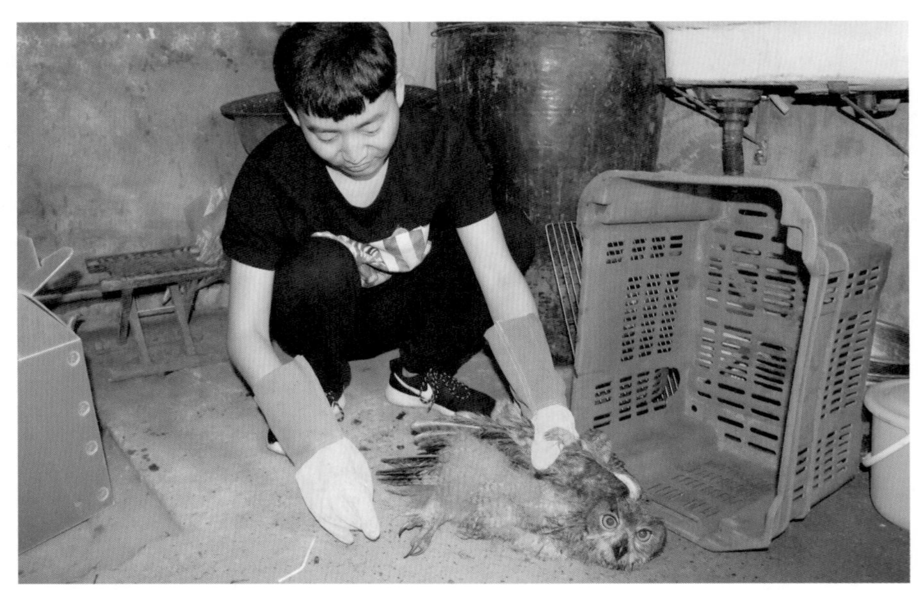

许林在农户家中救助雕鸮

源，开始大胆地进行救助站的升级改造。

依据动物救护中保障动物福利的原则，许林将笼舍由全铁丝网改成尼龙软网并加高了顶部；将运输动物的箱子从硬质塑料改成全黑色的纸笼、纸箱，使动物保持冷静，更有安全感；在康复训练区内布置了攀爬栖架，使环境更趋近于自然。经过许林的不懈努力，现在的救助站建立了动物隔离区、鸟类康复训练区，对救助回来的动物建立了一套完整的收治救助程序。

许林说，动物受伤后的救助像是在事后的补救工作，而宣传工作更能从源头上提升人们保护意识，减少伤害行为。比起救助的跨专业工作，原先的记者工作为许林打下了扎实的文字功底和宣传经验，但仍有太多的“意料之外”。

“我最初想象的宣传就是拿着我们精心制作的展板、宣传册到社区，我们讲，一堆人围过来听。”许林说，“可惜啊，一共来了三四个人，都是社区工作人员，没有一个村民。”这次的宣讲给了许林很深的触动：如果宣传活动只是为了完成任务的“过场”，没有建立起村民与野生动物保护的联系，是不会产生真正的价值认同的。展板和宣传册里过于官方和生硬的语言，无法贴近村民的生活、产生共鸣。

许林尝试着把宣讲内容制作成PPT（演示文档）或动画形式，将枯燥难懂的专业知识用自己的亲身经历“包装”起来，用最直白平实的语言，将法律法规和各项政策生动地传递给每个村民。

许林工作方式的改变，得到了当地村民的认可和认同。他们成立了35人的巡护队，配合保护区完成全区疫源监测、联合执法、日常巡护等多项工作。许林参与编写的《延庆区自然保护地日常巡护检查工作方案》在此得到了很好的践行。这对他而言，是对既往工作的梳理和总结，也预示着一个年轻环保人开始走向成熟之路。

情与理，人与湿地都需要理解

每年3月下旬到6月上旬及8月下旬到11月下旬，是北京地区可以目击过境猛禽的绝佳时间。鹰、隼、鹫、雕、鸢、鹗等种类的猛禽，每年有一万余只路过北京这个世界猛禽迁徙的重要通道。

许林这些年在野生动物救助站救助过的600余只野生动物中，就有国家一级重点保护野生动物金雕和黑鹳，以及国家二级重点保护野生动物各种鸮和隼，近200只。

许林讲起一次救助雕鸮的事：在接到村民的电话求助后，许林带着救助箱等工具上门，确认雕鸮并无大碍，初步判断是因冬季食物短缺到农户家找食物时撞伤了。

过去救助的猛禽大多是村民因经济利益而捕杀或私自圈养而受伤的。在野生动物救助站不断地宣讲法律法规下，尤其是2009年《北京市重点保护陆生野生动物造成损失补偿办法》和2020年《北京市野生动物保护管理条例》颁布后，野鸭湖的村民大多了解到捕杀、交易等行为的违法性和要承担的法律责任。

猛禽虽然在食物链的顶端，对维持生态平衡具有不可替代的作用，但也面临着诸多的威胁。除去已经大幅减少但仍存在的捕杀外，猛禽冬季还会因食物短缺而面临生存困境。

"如果动物无伤无病，我们接到电话就采取放飞处理。"许林说，"伤势轻的送野鸭湖救助站，伤重的就要上报到北京市野生动物救护中心进一步救治。"救护了雕鸮的伤，村民主动和许林谈起家禽损失补偿问题。许林说："村民能依据普法学到的法律条款来找我谈补偿，我挺开心的，说明我们前期的工作有了效果。可是，要和村民讲清法律规定的补偿条件、补偿细则，特别考验我的沟通表达和共情能力。"在社区工作中既需要基层工作人员不厌其烦的耐心，还要思考用更好的方式解决村民的现实问题。许林说："保护工作要考虑鸟儿，也要考虑人。对人和鸟都要讲情，人鸟和谐才是我们的目标。”

2017年秋天，野鸭湖湿地首次创新性的试种粮田成熟了，这是一块专门为鸟儿们开设的“冬季食堂”，针对性地解决食物短缺造成的人鸟矛盾。据监测，已经有灰鹤、大鸨、豆雁、铁爪鹀、蒙古百灵等近十种、成百上千只重点保护野生动物在其中取食。

2021年12月3日，延庆区正式发布《延庆区陆生野生脊椎动物名录（2021版）》，共收录延庆地区分布的陆生野生动物30目95科450种，包含390种鸟类、38种兽类、22种两栖爬行类，其中，在野鸭湖发现的鸟类就有362种，约占北京地区现有观测鸟类记录的70%，野鸭湖现在已是北京生物多样性最丰富的自然保护区。

未来与希望，雏鹰欲振翅飞翔

换上小朋友能够理解的语言，许林在中小学甚至幼儿园中开展的保护宣讲活动颇受欢迎，爱自然、讲环保、保护动植物的种子就这样一点点散播开。2010年，野鸭湖湿地帮助康庄镇小丰营中心小学第一个成立了“雏鹰野保队”。每逢假期，孩子们就会带上望远镜、鸟音收集器走进野鸭湖——这个“没有围墙的湿地学校”，观测雕鸮如何捕猎一只鼩鼱，看两只天鹅体贴地互梳羽毛，听野鸽子、花喜鹊取食的声响，交上一份特别的假期作业。许林和同事们的坚持已经过去十余年。如今像小丰营中心小学这样的中小学生，每年有2万余名参与到“野鸭湖畔认鸟飞”“湿地百草园探秘”等自然大课堂中接受自然教育。

为了能够配合中小学生进入湿地开展自然课堂，野鸭湖湿地强化组织建设，加强师资建设，对内部开展专业能力培训，培养环境教育解说员、野外教学站点解说员以及引导员。同时，联合区生态环境局、水务局、教委及学校教师，建立兼职教师队伍。在诸多高校的支持下，野鸭湖湿地开始为中小学校提供多元化的菜单式课程服务，还配合研发

野鸭湖雁鸭齐飞

了视频、电子书、动植物图鉴和以野鸭湖湿地本地物种为主题的生态环保课程。此外，从硬件上，在园区内创建了多样化的供教学使用的站点，如观鸟塔、科普岛、种子库、标本廊等。野鸭湖湿地在近年先后建成“全国林业科普基地”“北京市科普教育基地”“北京市未成年人生态教育基地”“首都生态文明宣传教育示范基地”等科普活动场所，为广大青少年搭建起良好的生态科普教育平台。

“雏鹰野保队”吸引了一批又一批的孩子参与保护行动。让许林意外又欣喜的是，有些小学毕业离开雏鹰野保队的孩子又会以志愿者的身份参与到野鸭湖的各项活动中来。正如著名的环境记者乔治·蒙贝尔特说过：“在那些为了自然而奋起斗争的人中，大部分人在童年时期都曾置身于自然之中。没有儿时与自然亲密接触的经历，就不会将毕生投入到保护自然的事业当中。”许林希望通过他和这一代环保人的努力，能够帮助下一代建立起与自然的情感联结，养成自然友好的生活方式，更希望这些幼时参与生态保护的经历，能够成为鼓励他们成长为关注

自然、关注生态保护的健全的成人。同样，孩子们的成长也反向激励着许林这样的生态保护人。

如今的延庆，优质的生态环境使之成为众多国际重大赛事的承办地。结合创建国家森林城市、世界湿地日、北京湿地日、北京市爱鸟周、北京市野生动植物保护日等，许林开始活跃在延庆冬奥赛区、世园会周边的学校、社区和景区，他要让越来越多的人意识到湿地保护的重要性，身体力行地参与到环境保护行动中来，将北京、将中国最好的生态风貌展示出来。

站在观鸟塔上，俯瞰这春色正浓、耳畔鹤鸣九皋的野鸭湖，许林的眼前仿佛又出现了十几年前那个意气风发的年轻人，他想对“他”说：“不负初衷，还要再加油！”

撰稿者：杨玉婷、核桃

本文照片由受访者提供

野鸭湖一隅

以教育为盾，为湿地保护保驾护航

——王生永

“清早船儿去撒网，晚上回来鱼满舱。四处野鸭和菱藕，秋收满畈稻谷香。”

MCF
红树林
基金会
我和湿地的故事
把湿地保护写进课本，让生态
道德教育扎根校园
王生永
洪湖市教育局教研室副主任
扫码阅读全文

这是民歌《洪湖水，浪打浪》里描绘的洪湖，也是许多上了年纪的洪湖人儿时记忆里的故乡。位于长江中游荆江段的洪湖湿地是中国第七大淡水湖，也是“千湖之省”湖北境内面积最大的天然湖泊湿地，现存水域面积约400平方千米，相当于5个故宫的大小。作为水深不高的草型湖泊，这里河汊纵横，芦苇密布，整个湖泊的水草覆盖率高达98.6%。每到夏季，接天莲叶，映日荷花，在微风的吹拂下卷起层层翠绿的波浪，

是洪湖最得意的景色。

辽阔的水域和富饶的水草为当地人提供了丰盛的食物，以及重要的经济来源，也为许多野生动植物提供了休养生息的家园。据统计，洪湖区域内有记载的湿地植物472种、鸟类138种、鱼类57种、爬行类12种、两栖类6种。这里也是重要的候鸟越冬地，每逢冬季，超过100万只的水禽会不远万里来到洪湖。洪湖也因此常被科学家们称为长江流域重要的“生物基因库”。

王生永是洪湖市教育局教研室的副主任，分管市内各中小学校的综合实践活动课程。他也是喝洪湖水，吃洪湖藕长大的地地道道的洪湖人。在长达40年的教学生涯里，王生永最自豪的成绩之一，就是带头编写了洪湖第一本关注本土环境教育的教材《美丽的洪湖我的家》，并成功将这本教材推进了洪湖市的每一所小学。

他曾经作为语文老师，站在课堂里教学生们识文断字、读书明理，又在人生的不惑之年找到了教育的新意，义无反顾地投身生态道德教育的浪潮，把自己对家乡和洪湖的热爱，一字一句写进书中。

做了一辈子教书匠，王生永说不出什么特别伟大的野心或是梦想，只是希望能够通过教育把“保护洪湖，涵养湿地”的理念传递给下一代，让洪湖的美景能够长久地留在更多人的记忆里。

湿地保护的推行离不开教育支持

王生永第一次接触到“生态道德教育”这个概念是在2002年，当时正赶上了全国新一轮的课程改革，在已有的几门主要学科设置的基础上增加了一门新的综合实践活动课。生态道德教育，就是这门新增学科的重要内核之一。虽然在传统观念上，相较于语数外这样的大学科，这门课程只是一个不起眼的辅助性学科，但却与当时洪湖的环境相应和起来。

“靠山吃山，靠水吃水”，生活在洪湖周围的人们早就习惯了依水而生、逐水而渔，在湖面上讨生活。长期以来的围湖造田和精养鱼塘开发，导致洪湖的水域面积骤减，从曾经的760平方千米缩减到不足350平方千米，水质高度富营养化。水生高等植物和各种野生鱼类资源都出现了大面积萎缩，部分湖畔乡镇的生活用水甚至都已无法得到保障。王生永回忆称，当时的整个洪湖几乎都被渔民们围了起来，养鱼的网箱筑起“湖上长城”。每逢八月的高温天气，许多鱼因缺氧而死，然后漂泊岸边，整片湖水臭不可闻。

虽然早在1996年，洪湖湿地自然保护区就已建立，当地政府也一直有心对洪湖进行整治，但要让渔民放弃围网、上岸安置并不是一朝一夕就能解决的。实际上，洪湖市曾在2005年尝试过大规模拆围，除撤了水域范围内全部37.7万亩[1]围网。但有许多渔民仍不愿离开船坞，坚持住在湖上，围网建了拆，拆了再建。在不到5年的时间里，又反弹到了18万亩。要重建洪湖的湿地生态，最关键的是要改变当地人“靠湖吃湖”的既有观念。

于是，应世界自然基金会汇丰银行长江项目的邀请，自然之友绿色行动项目联合了洪湖湿地自然保护区管理局，以及洪湖市教育局共同策划了“保护母亲湖”湿地保护环境教育主题活动。王生永作为教研室的负责人之一也参与其中，“我们当时就在想，能不能够编一些教材，然后通过学生带动家长，通过学校带动社会，通过城市辐射到农村，通过教育的力量为洪湖的生态恢复尽一份力。”

这次探索的成果就是完成了以反映洪湖变迁为主题的湿地保护环境教育地方教材——《我爱母亲湖》。

[1] 1亩=1/15公顷，下同。

生态道德教育应贴近学生的生活

教材虽然有了，但在校园推广上却并不乐观。

王生永坦言，这与在一开始编写的时候，教材定位模糊不无关系。“都没有经验，在编写的时候，选用的内容就不够接地气，不适合学生。另外，教材定位是面向所有学生群体，从小学到初中，那就只能当阅读教材了，是无法进行授课的。”

要想让生态道德教育的课程顺利推进下去，教材改版势在必行。2013年，王生永向洪湖市教育局申请，与中国野生动物保护协会合作对已有教材进行改版，编写一本全新的洪湖生态保护教材。

在考虑到学生的学力以及升学需求之后，教研室决定把改版教材的应用学年定位在小学四至五年级。同时，教研室还专门选聘了具有学科专业知识的教研员和有编写工作经验的骨干教师加入编写小组，以保证教材能够更好地贴合学生们的理解能力和学习习惯。

历时7个月的集中培训和编写，新教材《美丽的洪湖我的家》出版了。王生永介绍称，这本教材里的每一个细节都经过了老师们反复地深思熟虑，仅是一个封面就改了又改。原本的封面插图是洪湖的“万顷莲塘”，为了强调“野生动物保护”，临到印刷又改为“鸟的天堂”。书名的字体也不例外——“美丽”的“美”字起先是草书，但考虑到小学生的理解能力，最后又将字体改成了更易认读的艺术体。

王生永表示，之所以如此细致，正是因为只有教材的方方面面都合适了，老师们才方便制订教学方案，学生们才会愿意翻开书本，生态道德教育的这门课才能立得起来。

新课进校园为老师开拓更大的成长空间

2014年10月,《美丽的洪湖我的家》在洪湖市第一小学举行了隆重的新书首发仪式。这一次,王生永在心里打定了主意,一定要让环境生态保护的新课程在洪湖的每一个校园里扎下根来。

首先,由教研室出面,制定了《洪湖市综合实践活动课程实施要求》,要求"课时安排要进入学校总(分)课表,并按计划实施,每周三节"。将综合实践活动课的授课情况与学校的年度打分、评优结合起来。同时,教研室还配套教材推出了教学设计方案的汇编手册,供授课的老师们参考。

在教师配备上,王生永鼓励各学校安排"兼职"教师或组建"教师小队",由其他主要学科的老师"兼职"授课。同时,参照主要学科的评优机制,推出了综合实践活动课的骨干教师评选体系,每两年组织一次"教学设计与教学论文"评选活动以及"授课与说课"的比武活动,评选的结果与教师职称评选挂钩。

"兼职"授课的老师们,除了竞选本学科的评优评先之外,还可以参

"教学比武"课堂现场

与综合实践活动课的相关评选。一方面节约了从头培养师资的时间和精力，另一方面也为竞争激烈的主课老师们提供了新的晋升空间。王生永说："不能只光顾着说，要让老师们上课。老师们也不知道要怎么上。我们是要为老师们排忧解难的，要关注他们的个人成长，让老师们也尝到甜头，他们才更愿意参与授课。"

目前，《美丽的洪湖我的家》已在洪湖全市小学五年级学生中使用。由王生永组织编写的另外两本未成年人生态道德系列教材《湖北文化·荆州物产》以及《长江——水生动物的家园》也都在全市范围内推广、普及。其中，《长江——水生动物的家园》更是走进了包括湖北、江苏、上海等长江沿线五省一市的中小学校校园。

通过这些与学生们的生活环境息息相关的地方生态保护教材，王生永希望让孩子们把日常看到的一花一景都与书本知识联系起来。在他看来，生态教育不应仅仅是大而空的概念和口号，更应从实际入手，让学生们从日常的小事里认识自然，认识自己的家乡风土，潜移默化地培养他们爱护环境、与自然和谐共处的认知。

生态道德教育离不开自然保护区的支持

在王生永筹备发布新教材的同一时间，经国务院批准，洪湖湿地自然保护区正式晋升为国家级自然保护区。这让进一步推动湿地生态教育进校园如虎添翼。

要想让孩子们真正了解自然、了解湿地，光读课本是远远不够的。生态道德教育既然被列入综合实践活动课的范畴，"实践"二字才是关键。虽然在教材进校园这方面，王生永和教育局的同僚们经验丰富，但要带领学生们走出课堂，到自然中去却不是单靠学校的能力就能解决的。

虽然有两所生态道德教育的示范小学也曾策划开展过"观鸟比赛"和"笔记大自然"等活动，但老师们毕竟专业知识有限，活动场地也受到各方因素的限制。王生永坦言，和保护区的合作是必要的。“自然保护区有场地，有博物馆，也有教育宣讲的需求。而且他们对于洪湖的每个季节、时间点的特色都了如指掌，应该在什么时间安排实践活动，带学生们体验哪些项目，这些都是学校在授课方面所欠缺的。”

教研室鼓励学校和老师，以班级或兴趣团体为单位，在保证安全的前提下每个学期带领学生到公园或自然保护区进行实地观测与教学。组织孩子们与洪湖的生态零距离接触，通过观鸟、游湖等活动，让学生们用自己的眼和手去体会自然。有些学校还会把自然观测与美育结合，带领学生加入绘画兴趣小组到野外写生，用画笔记录在洪湖湿地看到的一草一木。在绘画观察的过程中，学生学到了如何辨别常见的植物和鸟类，增进对自然的了解。

王生永说道：“所谓生态道德教育，实际上就是教会学生们对自然的尊重、对他人的尊重。”

年轻的教育者担起生态保护的重任

自从开始从事生态道德教育以后，王生永渐渐养成了一些新的习惯，比如每次出差都不再使用一次性用品，闲暇无事总会去江滩公园走走。这些细小的转变具体是在何时发生的，他自己也说不清楚，但环保的意识已经融入他的习惯，成为生活的一部分。

2019年的夏天，王生永来到洪湖湿地国家级自然保护区。在那里他又看到了消失已久的旧时记忆里的图景：清澈的湖面上，风荷举举。须浮鸥衔来菰草，在铺满芡实的叶片上筑起一个个巢——这是近20年来洪湖生态修复治理的成果，也是支撑着他不顾一切阻力推行生态道德教育进校园的动力。

2022年9月中旬，王生永就正式退休了。在离开深耕多年的教学岗位之前，他还有许多事情要做，与生态道德教育相关的学科安排要交代给交接的同事，外联的资源也要一一对接。不过对学科未来的发展，王生永并没有太多的担忧。年轻的教师们对生态环境保护有着极大的热情，这是与他自己曾经那个时代所不同的优势。

王生永特别提到了一所名叫螺山镇小学的学校。这所小学远离市区，背靠长江，作为师资力量有限的乡镇小学，却在生态道德教育上有着非凡的成绩。学校有效利用自己独特的地理和环境优势，寓教于行，建成了生态特色校园，并成了洪湖市唯二的生态道德教育示范校之一。这一切都离不开螺山镇小学年轻的校长的苦心经营。王生永说："这个乡镇学校很淳朴，是干实事的。有很多年轻的教师都是刚参与工作不久，对素质教育、生态教育都很认可，不像以前是唯分数论。所以，教师还是课程推广的关键。"

那首广为传唱的洪湖民歌的后两句是，"人人都说天堂美，怎比我洪湖鱼米乡。"王生永也由衷地期盼着，更多的洪湖人能一睹那烟波浩渺、雁鸭成群的风景。

撰稿者：陈思

本文照片由受访者提供

洪湖须浮鸥雏鸟

鄱阳湖是一本读不完的书

——胡斌华

故事的主角胡斌华，是江西鄱阳湖南矶湿地国家级自然保护区管理局局长。

从一个名不见经传的省级保护区，一步一步稳扎稳打，到“国际重要湿地”，1997年到2022年，胡斌华见证并带领了南矶湿地自然保护区的成长，25年的湿地保护生涯，也见证了“湿地”这个陌生词汇逐渐主流化的过程。

1995年的一个冬天，胡斌华第一次去南矶山，为了帮领导送个口信——那个年代的南矶山，如同鄱阳湖上的孤岛，没有通电，更加没有电话连通，一条路行了5个小时方才进入。但胡斌华如今回忆起来，仍然感觉被震撼和打动了，“所有的候鸟离路边非常近，人随处一走，就会有鸟飞起来”。1997年，南矶山成立了省级保护区，大家只是单纯地觉得“鸟很多”，直到2000年，“湿地”的概念，才随着北京来访的专家，第一次出现在南矶山保护工作的视野中。

这是一个从零开始的工作。湿地保护比鸟类保护内涵更为丰富，但比起“候鸟天堂”，那时的鄱阳湖湿地更像人类食堂，捕猎鸟兽极为常见，作为渔民传统的捕捞作业区，夕阳归来鱼满舱的画面，历来是丰衣足食的象征。

要保护“湿地”这个“新鲜”事物，这些需要改变吗？为什么要改变？怎么改变？

“点鸟奖湖”：不能空谈“保护”

胡斌华和同事们从国内外先进的湿地保护实践当中吸收了大量的经验，其中，世界自然基金会组织的香港米埔之旅，让人眼界大开。米埔由于采取了同时适应基围虾养殖和候鸟保护的水位调控措施，实现了湿地保护和居民生计的互惠互利。

米埔的保护工作也让他们深深认识到，平衡保护和生计，仅仅采取“一刀切”的方式行不通，一味“教育”也行不通，胡斌华认为保护工作是一个从了解当地文化和需求开始，沟通、引导从而改变的过程。

2013年8月，一张“鸟越多，奖越多”的海报在南矶乡引起了轰动，这并非农村集市上的抽奖广告，而是保护区长期深入周边社区调查研究所得的保护策略。

每年鄱阳湖进入枯水期过后，湖滩上的低洼地会成为渔民的天然鱼塘，搞保护的人称其为“碟形湖”，是冬候鸟在鄱阳湖的主要栖息场所。南矶湿地自然保护区成立以后，人鸟冲突愈演愈烈，但没有湖权就无法采取彻底的保护措施，只能寻找人鸟共生的途径。这个任务十分艰巨, 首先要突破的, 是意识上的鸿沟。

鸟类保护究竟有什么用?如果只是从保护者的角度空谈保护, 基本上是无用功。

在与渔民聊天的过程当中, 渔民们朴实地表达了自己的诉求:“鸟越多, 损失越多, 我们的损失要补。”这反倒让胡斌华和同事们灵光一闪, “既然如此, 我们就来一个: 鸟越多, 奖越多。”“点鸟奖湖”就这样有了雏形。

根据某一时段的鸟类调查结果, 给予湖泊经营者物质与精神奖励, 鸟越多, 奖越多。渔民于是改变了以往的敌对态度, 开始像护着宝贝一样守护觅食的鸟儿们。有经验的渔民懂得鸟儿的喜好, 他们把握排水的节奏, 让鸟儿们如“约”前来; 有的渔民搭起高架, 观测湖中鸟况, 或者立标牌警示“闲人勿入”。一时间, 渔民成了保护者, 鸟儿们“赶都赶不走”。

最让他们乐得合不拢嘴的, 是鸟多了, 来南矶湿地观鸟的游客就多了, 湖边的鱼舍也随之红火起来, 上级政策和项目不断倾斜, 基础设施、民生工程……一切都有了可喜的变化。

“点鸟奖湖”成为南矶湿地蜚声保护界的创新案例, 不仅让渔民真正得到了实惠, 还打破了宣传教育自说自话的顽疾, 让湿地保护成为渔民的共同行动。

协议管湖:渔民才是真正懂鸟的人

事实上, 一只东方白鹳一天要吃好几斤鱼, 大量集群的时候, 渔民的损失很难通过奖励弥补。于是胡斌华和同事们请来城里大厨, 教渔民提升厨艺, 用当地美食留住游客; 许多老渔民、老猎手, 作为鄱阳湖的活地图, 从“白的”和“麻的”两种鸟开始学起, 如今对遮天蔽日的鸟儿们如数家珍, 有的成了保护区的骨干巡护员, 有的成了“观鸟导赏员”。

胡斌华说:“渔民才是真正懂鸟的人, 什么鸟喜欢什么样的生境, 喜欢多高的水位……从‘以鸟为敌’到‘以鸟为邻’, 需要在‘一念之转’

“点鸟奖湖”渔民与调查队员

上下足功夫。”

“点鸟奖湖”一做就是七年，“十年禁渔”开启之后，也随着南矶乡的渔业成了历史。出人预料的是，在“十年禁渔”的头一年，水鸟并没有因为渔民上岸而大量回归。原因一是持续高水位造成沉水植被长势差，影响了少量水鸟取食；二是失去生产性管理的子湖泊，水位或者过高，或者过低，能够满足水鸟栖息觅食条件的很少，影响了大部分水鸟。

事实证明，过去南矶湿地的子湖泊因为渔业生产需要控制水位，反而与水鸟之间形成了默契，要维持这种相对稳定的生态关系，碟形湖仍然需要人为控制蓄水、排水。掌握着丰富经验的南矶乡渔民，无疑是不二人选。

保护区的探索，也从“点鸟奖湖”过渡到“协议管湖”上来。保护区牵头组建“保护区-社区共管”组织，跟南矶乡所有的村委会签订了新的协议，制订湖泊适应性管理方案，由渔民把10万亩碟形湖继续管起来，这次，他们管的是水位、设施、环境、人为活动，目的是为迁徙水鸟和原生物种提供优质栖息地。保护区也特别关照弱势群体，优先聘请无法外出打工的人，对他们的管湖工作进行培训与考核。由他们协助保护区开展巡护、宣教、科研工作，定期收集、清理和转运碟形湖内及周边的垃圾。

跨界创新：用建筑美学讲湿地故事

去过南矶湿地的人，都对入口处的“自然中心”印象深刻，除了当中精彩纷呈的科普展览和科普活动外，这栋被大家戏称为“吊脚楼”的轻钢建筑，也是一件精心设计的作品，为了解决洪水——这一湖区的天赋难题。

来自香港中文大学的建筑师朱竞翔和吴程辉，从旁边的一个甚至算不上“建筑”的框架结构获得了灵感：过去南矶乡轮渡的船工，冬季退水时在太子河上摆渡，为了顺应一年一度水陆交替的自然规律，发明了这个框架结构，冬天装上木板，避风挡寒，夏天则拆除木板，成为只有棱、没有面的长方体，形成水的通路，这个极简的水泥框架，在大自然的潮起潮落中屹立了50年。

作为一种历史的留存，“自然中心”将这个框架结构保留了下来，与它身边的新式“吊脚楼”一起，为来到南矶湿地的市民带来了一节生动的自然教育课。胡斌华说：“自然教育说到底是在讲人与自然的关系。湖区居民的生产生活实践，保留着他们对自然的理解、与自然相处的方式。这是最生动的自然教材。”

2020年，由于顺应自然的吊脚设计加上精确的计算，自然中心完美抵御了鄱阳湖大水，建筑主体毫发未损。而保护区的其他建筑则遭遇了沉重打击。胡斌华不得不继续思考自然界抛出的这道难题，请到了建筑师朱竞翔再度“跨界”出山。

在特殊的自然条件下建造特殊的建筑，对建筑师而言是巨大的挑战，也是有趣的尝试。这一次，经过保护思维与建筑思维的多番碰撞，“乐高积木”的火花迸发了——模块化的、轻型的、可腾挪的建筑在南矶湿地呼之欲出。

在朱竞翔的设计当中，10个左右的“积木”作为建筑的结构载体，在其中布局植物、野生动物、地质地貌、气候水文等自然主题的互动式体验课堂，塑造出一个立体可感的鄱阳湖，为各年龄层的访客呈现沉浸式互动体验。奇妙的是，“积木”可以根据保护区的水位变化而移动，在夏季转运至城中，充实社区、公园的节假日生活；在冬季则回到湖区，丰富湿地观鸟体验。“积木”当中照明等低功耗能源通过太阳能发电自给自足，配套卫生间则采用微生物降解技术，整体成为一个环境友好型建筑。

水位上涨过程中的自然中心（胡斌华 摄）

这是一个破天荒的解决方案，看上去奇思妙想，其实一举多得，不仅解决了保护区水陆交替的空间难题，湿地宣传教育也将变得灵活自如——不再局限于冬季的保护区，而向城市推进，将面向更多的城市居民讲述鄱阳湖的故事。这种新颖的建筑模式，也是一次“生态保护+建筑美学”的跨界尝试，是开创性的，更是开放性的。

宣传教育：分享工作所思所得，每个保护人都是传播者

“湿地的故事，需要有更多的传播方式，既要有实地的观赏和体验，保护区也应该主动走出去，深入社区、学校和市内的公园，成为市民生活的一部分。”胡斌华说。

随着南矶乡渔民生活方式的转变，前来湿地观鸟、游玩的游客越来越多，除了专业的科普内容外，市民对保护工作内容也十分好奇，这也是讲好保护故事，让社会公众了解保护事业的重要方式。

南矶湿地（胡斌华 摄）

鄱阳湖是中国最大的淡水湖，由于自然通江，水位随着季节变化自然涨落，形成“枯水一线，丰水一片”的湿地景观，在冬季，由于滩涂裸露，为不同食性的越冬候鸟提供了多样化的栖息地，也是东亚最大的候鸟越冬地。

在胡斌华看来，夏季4000多平方千米的水域面积有着463种鸟类，其中，列入《世界自然保护联盟濒危物种红色名录》受威胁物种有33种，这些简单的数字背后都不简单，都蕴含着极为丰富多彩的故事。

因为工作的关系，也因为一份敬畏和好奇，胡斌华经常行走于鄱阳湖的茫茫滩涂，越行走却越发现，自己对鄱阳湖知之甚少。“即便是我们熟悉的南矶湿地，从保护区对面的都昌湖区看过来，又是另一番景象，令人震撼无比。”胡斌华认为，鄱阳湖是一本厚重的大书，永远都读不完，每个人去读也都不同，打开的方式因此也多种多样，应该鼓励更多

心系鄱阳湖的人，带领大家去打开这本书，阅读这本书。

在鄱阳湖的保护江湖上，奇人、怪才辈出，更多则是平凡的一线工作者，他们日复一日地行走在茫茫滩涂之上。的确，保护工作是一件艰苦的事，但悉心体会，每个保护工作者都有很多独特的体验和难忘的瞬间，在心中都会有一幅震人心魄的画面，留下了一份回甘。胡斌华自己有记录和分享的习惯，在保护区的微信公众号上，创建了一个名为“巡护日记”的专栏，鼓励同事们将自己工作中的点点滴滴用最平实的语言记录下来；胡斌华还鼓励大家走出去，把保护工作者的专业、敬业和酸甜苦辣转变为精彩的“鸟人鸟事”，来到学校、图书馆，与公众分享。

“所谓的教育，应该是触动心弦、打动人心的，更应该是一种人与人之间深切的分享。”胡斌华认为。

后记：

2022年6月，《湿地公约》官方网站公布了第二批“国际湿地城市”名单，南昌与武汉、开普敦、巴伦西亚等全球其他24个城市共享光荣。这是目前国际上在城市湿地生态保护方面规格高、分量重的一项荣誉，代表一个城市湿地生态保护的重大成就。

南昌的成功入选，将紧邻鄱阳湖、江湖交汇的湿地资源禀赋再次呈现到世界的面前。在这幅“秋水共长天之城”的宏伟画卷上，前赴后继的保护工作者、科研工作者、科普宣教工作者，涂抹了浓重耀眼的底色。

胡斌华也第一时间在朋友圈分享了这个好消息：“南昌，想不成为国际湿地城市都难。这是南昌人民回馈给地球母亲的一份礼物。”

此刻的鄱阳湖，迎来了一年一度的丰水季节，随着水位一寸一寸地上涨，沃野千里的草原，变成了碧波万顷的海洋。生生不息的鄱阳湖，正在人与自然的和谐音符中走进更加美好的明天。

撰稿者：易清

本文照片由受访者提供

与东方白鹳的三十年

——朱宝光

三江平原位于黑龙江省东部，北起黑龙江、南抵兴凯湖、西邻小兴安岭、东至乌苏里江，由黑龙江、乌苏里江和松花江汇流冲积而成。这里是我国重要的湿地分布区，也是东亚—澳大利西亚候鸟迁飞区上重要的候鸟繁殖地和补给站。

黑龙江洪河国家级自然保护区（以下简称“洪河保护区”）就坐落于三江平原腹地，于1984年1月成立，1996年11月晋升为国家级自然保护区。它是一个以水生、湿生和陆生生物及其环境共同组成的湿地生态系统以及东方白鹳、丹顶鹤、白枕鹤、白头

鹳、大天鹅、小天鹅等珍稀濒危野生动物为主要保护对象的内陆湿地类型自然保护地，在三江平原及全球同一生物气候带中具有高度的代表性和典型性。

2022年，是朱宝光来洪河保护区工作的第29年。他笑笑说："我还有将近10年就退休了。退休的时候，我的东方白鹳人工招引工作还差1年满40年。到时候我要申请当一年的志愿者，为在洪河保护区做好这项工作凑一个40年的整数，也为自己这辈子对这个物种的研究和保护工作画上一个圆满的句号。"

朱宝光原本学的是英语专业，后来研究生继续深造时毅然选择了野生动物保护与利用专业。1993年，他从东北林业大学毕业，来到洪河保护区工作。当时，东北林业大学的李晓民教授正在洪河保护区开展东方白鹳的种群恢复研究工作。他对新人朱宝光说："看看能不能带着你把这个物种（的保护工作）开展起来。"从此，朱宝光与东方白鹳结下了几十年的情缘。

搭建人工招引巢

技术攻坚，守护东方白鹳

20世纪90年代初，全球东方白鹳的种群数量一度减少到不足3000只，被列入《世界自然保护联盟濒危物种红色名录》以及《濒危野生动植物种国际贸易公约》(CITES)附录中，2021年被列为我国国家一级重点保护野生动物，进行严格的管理和保护。

历史记载，东方白鹳在三江平原的繁殖种群数量曾经超过1000对。20世纪中期开始，因为经济发展的需要，三江平原进行了农田改造、湿地开垦、泥炭开采、森林砍伐等一系列开发活动，东方白鹳的栖息环境遭到了严重破坏。加之它们体型较大，本身在寻址筑巢上就有一定的难度，同时盗猎、中毒等事件频发，使得东方白鹳在三江平原等地的繁殖种群数量急剧下降，分布范围也不断缩小。

在人工招引巢内育雏的东方白鹳

1993年冬天，朱宝光带领团队在保护区的岛状林（洪河保护区一处林地名）中寻找高大乔木，通过搭建人工招引巢的方式帮助东方白鹳筑巢。到1994年，他和团队共建了20个乔木人工招引巢。但这对于一个物种来说远远不够。

作为一种体长100~115厘米的大型涉禽，东方白鹳（*Ciconia boyciana*）偏好在浅水湿地中生活，湿地中的鱼类、昆虫、两栖类等都是它们喜欢的食物，东方白鹳所选择的筑巢地点一般在湿地环境中能见度较好、离地5~15米的高大乔木上。洪河保护区中可以用来搭建人工招引巢的高大乔木并不多，选中的那片岛状林也距离觅食区较远、人为活动干扰较多，并非理想的东方白鹳筑巢地。朱宝光决定对人工招引巢进行改造。

1995年春季，朱宝光尝试在湿地与岛状林边缘、湿地与岛状林中间等东方白鹳更易捕食的地带，用采购的耐腐柞树木材，搭建木制三脚架人工招引巢。这次尝试非常成功，适宜的巢址，增加的人工招引巢数量，引来了众多东方白鹳营巢繁殖。此后，通过不断的观察、摸索和试验，朱宝光对人工招引巢又进行了多次的调整和优化。

2021年8月，洪河保护区发布的《东方白鹳(2021年)科学考察研究报告》显示，该保护区在1993年至2021年间搭建了289个人工招引巢，共繁育了1748只东方白鹳，大大增加了东方白鹳在我国境内的繁殖种群数量。

仅2021年，在三江平原繁殖的东方白鹳数量就超过了300对，其中在洪河保护区繁殖的东方白鹳数量达到81对。朱宝光无比自豪地说：“洪河保护区不仅仅是东方白鹳之乡，它还是目前为止全球东方白鹳最集中的繁殖分布地。”这里面，洪河保护区三脚架人工招引巢功不可没。

跨境合作，保护无国界

当前，世界上东方白鹳的两大主要繁殖区，除了我国东北的三江平原、嫩江平原外，还有俄罗斯境内西伯利亚地区的东南部，包括赤塔市、哈巴罗夫斯克市、阿穆尔州、犹太自治州、滨海边疆区等广大区域。

有效的物种保护在很大程度上取决于对足够大面积的适宜栖息地的有效保护，尤其是对繁殖地的保护，而增加单个繁殖地的面积比增加繁殖地的数量更有效。这不是单独哪个国家、地区或机构可以完成的事情，需要我们打破行政边界限制的思维，将碎片化的生境连接起来，还给野生动物一个健康而连续的栖息环境。对于东方白鹳这类跨国境迁徙物种来说这尤为重要，更需要跨流域、跨国境联手合作，开展国际性的保护行动。

2001年，联合国开发计划署、全球环境基金（GEF）、国家林业局（现国家林业和草原局）共同发起了“中国湿地生物多样性保护与可持续利用”项目。洪河保护区以该项目三江项目区典型示范区的身份，参与和推动了东方白鹳等物种保护的跨国界国际合作、区域湿地生物多样调查、水资源监测等多项国际工作的开展。2009年至今，洪河保护区与俄罗斯多个自然保护区，如阿穆尔州兴安斯基国家级自然保护区、犹太自治州巴斯塔克国家级自然保护区等签署了跨黑龙江流域中俄合作协议，在跨流域物种联合监测、栖息地恢复、珍稀动植物保护体系建设、宣传和教育等方面做了许多尝试，搭建起了中俄两国东北亚地区自然生态保护网络。

“保护合作应该是开放的、平等的、友好的、目标一致的，不能带着任何的偏见。”在朱宝光看来，保护无国界，我们都生活在同一个大世界中，开展国际合作，有益于我们在保护、教育、管理等理念和技术上相互支持、相互学习。

通过近30年的努力，全球东方白鹳的种群数量由朱宝光刚入行时的不足3000只，增加到了现如今的8500只。

在洪河农场学校开展爱鸟周宣传活动

从保护一线到教育一线，热情和困难并存

在开展东方白鹳保护工作的同时，朱宝光注重专业技术人才的培养，从科学研究、保护管理、调查技术等多个方面积极推动跨流域、跨国界间的人员交流和培训，培养了一批在水鸟追踪、繁殖调查等技术领域的研究人员。尤其在2005年至2008年，朱宝光以“中国湿地生物多样性保护与可持续利用项目”黑龙江项目区联合国志愿者的身份，持续面向自然保护区及其周边社区的管理人员，在提升湿地保护意识和湿地管理水平、建立可持续利用理念等方面开展培训。

另一方面，他借助世界环境日、世界湿地日、全国爱鸟周等，长期面向周边社区、学校等开展爱鸟护鸟、保护环境等主题的自然教育活动；并积极支持科普图书、宣传资料的编制工作，参与出版了《美丽的三江湿地》《中国东方白鹳保护研究》《黑龙江（阿穆尔河）中游区域中俄特别保护自然区》等具有一线工作经验的湿地保护著作。

2017年9月，中共中央、国务院印发《建立国家公园体制总体方案》，提出“国家所有、全民共享、世代传承”的目标要求。2018年5月，习近平在全国生态环境保护大会上进一步发表讲话：“每个人都是生态环境的保护者、建设者、受益者。”

朱宝光说:“自然保护区所守护的自然资源是全国人民乃至全世界人民的宝贵财富。公众都有保护它的责任和义务。对保护区周边社区的居民和孩子们来说,他们最直接享受生态环境带来的福祉,更应承担起这份责任和义务。我们要通过教育的方式,把保护和传承的理念一代一代地传递下去。”

坚持不懈的努力在东方白鹳的保护上取得了一点成效。但是,关于教育,朱宝光面临很多困境:人手不足、专业指导缺乏,自然教育活动难以在深度和广度上拓展。如何提高宣教人员的教育专业能力,开发更多针对不同受众的自然教育课程,提升公众的保护意识和意愿,更好地为生物多样性保护事业服务,是摆在朱宝光面前仍然需要去努力解决的难题。

“我衷心地呼吁更多的有志之士加入我们的团队。”朱宝光说,“希望有更多关于湿地教育的业内交流和学习的机会,让我们能够学习和借鉴其他地区的先进经验。”

近年来,我国着力于以国家公园为主体的自然保护地体系建设,同时,加大了对在自然保护地开展自然教育的支持力度。2019年,中国林学会联手全国300多家单位和社会团体成立全国自然教育总校。这是我国首个以自然教育为内容、范围最广泛的跨界联盟。这一举措激活了各类自然保护地社会公益和教育功能,也为各类型的自然教育机构开展自然教育提供了广阔的实践平台。至今已在全国范围内认证了3批共230个自然保护地、自然教育机构等成为自然教育学校(基地)。

在自然教育专业人才培养方面,中国科学院西双版纳热带植物园从2013年起针对研究者和实践者开展环境教育研究与实践高级培训;全国自然教育论坛(现为“自然教育论坛”)从2018年起,面向新生从业者和从事自然教育的伙伴,在全国推出自然教育基础培训,并架构了递进式的培训体系;中国林学会从2021年起开始针对自然教育学校(基地)从业人员,以及中小学教育工作者,从事文旅、研学和营地教育的人员开展全国性的自然教育师培训。这一系列的培训，不仅能够提升自然保护地和自然教育机构从业人员的基础理论和技能素养，对自然保护地开展自然教育活动、推动多元化的社会参与，也是一种有益的尝试和推广。

正如迁徙候鸟的保护跨越国界，需要不同国家、不同保护地的科研人员等一线保护工作者携手开展，提升公众保护意识、加强自然保护地的自然教育工作更是一场需要全社会共同关注、持续参与、合力推进的行动。朱宝光和他所在的洪河保护区在自然教育这条道路上有很多并肩同行者。

从潜心钻研的技术新人到肩负保护责任的传道者，一个人的30年，我们看到的不仅仅是朱宝光个人的护鸟人生，还有他所在的保护、教育团队，乃至整个保护事业的发展。

让东方白鹳再次舞动在洪河，舞动在生命长河中，是我们共同的使命。

撰稿者：夏雪

本文照片由受访者提供

迁徙的东方白鹳

后申遗时代的自然教育

——陈亚芹

“为何片片白云悄悄落泪，为何阵阵风儿轻声诉说，还有一群丹顶鹤，轻轻地、轻轻地飞过……”20世纪90年代，歌曲《一个真实的故事》在大江南北广为传唱，诉说着中国第一位环保烈士徐秀娟的动人事迹。这个故事，就发生在黄海之滨的江苏盐城湿地珍禽国家级自然保护区（以下简称“盐城保护区”）。

每年，有超过300万只候鸟经过盐城，近百万只水鸟在这儿越冬。1983年，为了保护丹顶鹤及其赖以生存的滩涂湿地生态系统，保护区正式建立。这里拥有世界上独一无二的辐射沙脊群和潮间带湿地，是我国面积最大、西太平洋保存最完整的海涂湿地类型保护区。

因为一个“真实的故事”投身保护

陈亚芹第一次了解保护区的概念，是在中学课堂上。地理课本介绍，1992年，江苏盐城沿海滩涂自然保护区成功加入联合国教科文组织人与生物圈网络，成了世界生物圈保护区的一员。“没想到我们不太出名的盐城市，竟然有世界生物圈保护区，从那时我开始对保护区的工作产生了好奇。”

带着这份憧憬，1996年，在南京师范大学读书的陈亚芹来到保护区进行暑期实践。因为外语水平高，她参与了许多国际交流活动的协调工作。那时，生态旅游一词并不为大众所熟知，却有大量外国学者和自然爱好者云集盐城。

他们是为何而来？陈亚芹穿梭于芦苇和滩涂之间，寻找答案。她不断丰富着自己的鸟类“图鉴”，逐渐“加新”了丹顶鹤、白鹤、灰鹤、东方白鹳、黑脸琵鹭、小青脚鹬等珍稀鸟类，认识到家乡这片湿地对世界候鸟迁飞的重要作用。

实习期间，环保烈士徐秀娟的故事深深打动了陈亚芹。1985年，养鹤经验丰富的徐秀娟受邀来到盐城保护区，负责越冬地丹顶鹤的人工孵化育雏工作，成功开创了越冬地丹顶鹤繁育的先河。1987年，在寻找走失鸟儿的途中，徐秀娟游泳过河时体力透支，不幸溺水身亡，年仅23岁。在日记中，徐秀娟曾写下这样一段话：“我可以不要舒适，不要家庭，不要金钱，不要我应得的一切，甚至命也不要了。但我不相信，女子不能干一番事业！”

为什么不在保护区干一番事业呢？在1997年大学毕业后，陈亚芹以一名正式员工的身份回到了这里。

20世纪90年代末，正值保护区加速开展国际合作的关键时期，在与东亚鹤类网络、全球环境基金(GEF)等重要国际机构的沟通中，陈亚芹不断完善自己的知识体系，对生态旅游、替代生计、环境教育等新事物慢慢熟悉了起来。“当时有一个‘雷励行动’，数十名中外大学生来到保护区搭建动物笼舍，修建生态石子路，以身体力行的方式践行保护理念，给了我很大的启发，原来科普教育还能这么搞。”陈亚芹感慨道。

20余年来，陈亚芹先后在保护区办公室、社管科、宣教科、景区等多个部门工作，为自然保护事业添砖加瓦。

2019年，从阿塞拜疆传来了盐城黄海湿地申遗成功的好消息。同一年，陈亚芹正式负责保护区的宣教工作。申遗成功的消息让陈亚芹非常振奋："申遗成功是新起点，也是机遇，要让自然遗产发挥价值，就要让更多公众走进湿地，了解自然，支持遗产地的保护工作，形成‘爱遗’‘护遗’的良性循环。"

一套教材联结湿地与学校

有了政府的重视和社会的关注，湿地自然教育的发展进入快车道，陈亚芹长期以来的学习与积累也找到了发力点。

2019年4月，盐城保护区和盐城市教科院联合启动了《盐城湿地我的家》学生湿地科普活动手册编写工作，陈亚芹全程负责并参加编写。这套教材是面向全市义务教育阶段学生使用的湿地科普活动手册，旨在让学生领略盐城世界自然遗产地的魅力，认识湿地家族构成和功能，学会和湿地家园中各种鸟类、兽类、鱼类、贝类和植物交朋友。

自然生态系统的保护和修复是一个漫长过程，往往需要几代人的持续努力才能见到成效。编写一套湿地保护教材，培养青少年尊重自然、顺应自然的价值观，为保护事业培养更多的支持者始终是陈亚芹长期以来的理想。接到这份编写重担后，陈亚芹和编写组人员奔赴广州、深圳、北戴河等自然保护区学习考察，交流科普读物的编写经验，并向南京师范大学、盐城师范学院和红树林基金会（MCF）等高校、机构专家寻求指导。

经过一年半的反复打磨，2020年12月，《盐城湿地我的家》正式出版发行，16万多册科普教材送达全市中小学生手中。陈亚芹介绍，针对不同年龄段学生的认知水平，这套教材分为小学版和中学版。“小学版更注重趣味性，教材的第一章展示了丹顶鹤、麋鹿、勺嘴鹬等标志性物种，用图文连线的方式引导学生认识家乡的著名湿地，丹顶鹤章节设计了模拟迁徙的户外游戏；中学版在保持趣味性的基础上，增加了专业知识内容，如滨海湿地的植被演替、水鸟的生态学知识和国家湿地保护战略方针等，并设计了沉浸式更强的户外实践项目。”

在陈亚芹看来，人与自然本是没有隔阂的，这套教材遵循“引导—发现式”教学模式，重在让孩子们从自然中感受知识，而非被动灌输知识。“现在有一个词叫‘自然缺失症’，就是说久居钢筋水泥城市中的人们与自然割裂，产生了一系列行为和心理问题。盐城坐拥得天独厚的自然条件，我希望能通过这套教材让孩子们走到自然中去，健康、友善地成长起来。”

陈亚芹和大家的努力受到了社会各界的广泛认可。2021年12月，第十届梁希科普奖获奖名单揭晓，《盐城湿地我的家》获作品类一等奖。该奖项是面向全国、代表我国林业和草原行业最高科技水平的“梁希科学技术奖”的4个重要组成奖项之一。

盐城湿地科普课堂走进盐城市盐渎实验学校

让湿地教育融入校园生活

“推动湿地保护教育，靠一本教材、一堂课是不够的，更需要把保护理念融入学校的日常活动，让同学们从中养成自然友好型生活方式。”为了达成这一目标，陈亚芹和同事们积极搭建湿地教育和学校教育的融合平台，先后对400多名老师开展了湿地知识讲座和培训，帮助学校建立自己的湿地科普师资队伍，并推动盐城多所中小学成立湿地课外活动社团、建立湿地主题展馆和活动教室。

2020年6月，盐城市首家少儿湿地研究院在盐城市盐渎实验学校正式成立。在启动仪式上，陈亚芹带来了一场题为《诗意的湿地》科普讲座，深入浅出地讲解了湿地科普知识，不少同学纷纷表示要加入少儿湿地研究院，研究湿地里的动物和植物，把湿地这张盐城金闪闪的名片介绍给全国各地的小伙伴们。

随着湿地保护教育在全市校园的流行，为了提高教学效果，鼓励教师积极性，盐城保护区和盐城市教育局联合举办了湿地科普教育微课比赛。2020年11月30日，微课决赛落下帷幕，来自全市各个学校的近200名中小学教师结合自身教学实际，通过收集盐城湿地的多样素材，以微视频、PPT、实物模型、歌曲、动画作为辅助，创新设计了各种主题的湿地科普教案。“我认为比赛名次是次要的，更重要的是这次活动搭建了学习沟通的平台。各具特色的科普教案在此同台竞技，对于教师今后开展实操教学具有很强的启发性，能够博采众长，把湿地科学知识更好地传递给学生们。”陈亚芹评价道。

时至今日，盐城市的中小学生们对湿地鸟类早已不再陌生。在世界地球日、国际生物多样性日、世界环境日等重要节点，同学们都会走出课堂，来到保护区，陈亚芹和同事们也为孩子们量身打造了“雏鹤夏令营”“观鸟识花赏自然”“绿色艺术画”“为鸟做个家”等特色研学活动。

受疫情影响，2022年4月的爱鸟周，同学们无法来到保护区，陈亚芹就为盐城景山小学的师生们带来了一场“云观燕鸥”直播，展现了夏候鸟云集的盛况，科普了盐城夏候鸟——普通燕鸥集群繁育的知识。

“在我的学生时代，许多人到了中学都不知道保护区是什么。如今，同学们对保护区里的珍稀鸟类都如数家珍，我特别高兴，我对盐城湿地未来的保护很有信心。”陈亚芹说。

陈亚芹在分享自然教育工作

组织盐城市中小学生开展湿地科普知识竞赛

用新媒体平台打造生态名片

“duo……duo……”鹤巢里传出一阵阵响动，似指尖轻叩蛋壳，清脆又细微。鹤妈闻声起身，探下脖颈，发出了不同于平日的低沉鸣声，透过一“壳”之隔和鹤宝打招呼。鹤爸也快步走近，共同迎接新生命的到来！

2022年4月22日13时45分，丹顶鹤鹤爸“YC154”和鹤妈“NO321”的第一只鹤宝正式出壳了。雏鹤用尽全力挣脱蛋壳，摇晃着抬起毛茸茸的脑袋，亲昵地靠向等待已久的“鹤爸鹤妈”。这动人又温馨的一幕，盐城保护区通过新江苏、中国江苏网、“学习强国”、央视频等平台进行了全程慢直播，全网观看量累计超过4000万，掀起了全国的观鹤热潮。

“随着新媒体技术成熟发展，自然教育的传播边界逐渐被拓宽，对保护工作的宣传与推动是千载难逢的良机。还有什么比缤纷的物种、鲜活的生命更能吸引人们眼球呢？”陈亚芹说。

盐城湿地的另一明星物种勺嘴鹬则登上了中央广播电视总台《秘境之眼》栏目。视频中，一只勺嘴鹬低着头，用扁平的嘴在浅水中边砸吧，边摇晃着，通过这种方式，它能够铲起滩涂上可口的钩虾，同时滤出泥浆，尽情享受美食。忽然，一位同伴在它毫无准备时，快速接近，吓得它一机灵，扭头看了看，“原来是你呀”……短短1分多钟的视频萌翻了全国观众。

通过新媒体的传播手段，不仅科普了湿地保护知识，还吸引着全国各地的朋友们走进盐城湿地。

陈亚芹介绍，随着盐城保护区生态旅游的发展和知名度的提高，游客数量上升明显，带动了周边乡镇开办农家乐、宾馆和饭店的热潮。尤其是在鸟类迁徙季，来观鸟的游客一般都会在本地住上3到5天。“保护离不开当地社区的支持，要让当地村民改变祖祖辈辈‘靠海吃海’的传统生产方式，就要让他们从保护中受益，通过保护环境走上致富的道路。”

携手续写生命的故事

“我愿在茫茫荒原上寻找，寻找理想，寻找友谊，寻找生活的答案。”徐秀娟在日记中这样写道。

四季轮转，冬去春来。35年过去了，这片茫茫荒原早已不再清冷。来自学校和各行各业的志愿者们频繁地聚集在这片湿地：有的挥动铁锹、种下树苗，有的挥洒汗水、清理入侵物种，有的俯下身去捡拾白色垃圾……在活动结束前，他们都会聚拢在徐秀娟铜像前，缅怀烈士，驻足沉思。

“申遗成功后，我们牵头建立了黄海湿地保护志愿者组织，在中学、高校、机关和企事业单位建立保护网络，号召全体公众学习徐秀娟精神，在自然中寻找生活的答案，续写人与湿地的故事。”陈亚芹说。

撰稿者：周梦爽

本文照片由受访者提供

天使丽影（陈国远 摄）

让湿地保护意识在基层生根发芽

——周贤富

“要远远看鸟哦，不要吓跑它们。”如果拿着相机和望远镜走进海南省儋州市的泮山村农田湿地，这大概率会是迎面而来的村民对你的叮嘱。这份爱鸟护鸟的意识，得益于儋州长期面向基层开展的湿地保护宣教工作，让湿地保护意识在基层生根发芽。这份意识的茁壮成长，离不开“园丁”周贤富的精心灌溉，他是儋州市自然资源和规划局的工作人员，充当着湿地保护“中转站”“播音员”和“守门人”的角色，用心守护着儋州湿地里的万物生机。

一份工作:很美却很难

近处是滩涂上觅食的水鸟,旁边驶过的小渔船,远处是一幅海天相连的画卷,周贤富的朋友圈里,常常分享这样风景如画的照片。这是周贤富的工作记录照,他每周最少都要到乡镇的湿地进行一次巡查,儋州的许多湿地都在海边,在外人看来这份工作“太美了”,只有周贤富知道,这份工作太难了。

周贤富从2017年开始接触湿地保护工作。“在此之前我觉得湿地就是滩涂。”在慢慢地了解湿地保护工作后,他才知道湿地的内涵很广。

儋州共有4.09万公顷(合计61万亩)的湿地,总量位居海南省第二位,几乎每一个镇都有湿地分布。其中,儋州还有海南首个国家级红树林湿地公园——海南新盈红树林国家湿地公园;中国目前已知面积最大的古玉蕊林湿地;海南岛目前已知越冬水鸟数量及种类最多、珍稀濒危水鸟最多的湿地儋州(新英)湾。

守护这么大一片湿地资源,周贤富面对的第一个困难是人手不足。“科室一只手数得过来的人,要负责湿地、公益林、野生动物、自然保护地等多项工作。”周贤富说,湿地的巡护工作要更多地依靠儋州湾湿地护鸟队的队员和志愿者。

“我们还是一个很‘不友好’的部门,当别的部门想方设法引进项目,说‘行’的时候,到了我们这里往往只能说‘不行’。”作为红线和底线的“守门人”,周贤富还常常陷入湿地保护的“拉锯战”中:在湿地范围内设厂?不行!想在湿地建设光伏项目?不行!用看似废弃的水坑做宅基地建房?还是不行!“每年都要叫停好几个涉及占用湿地的项目审批。”周贤富说,“在基层,许多人对湿地保护的意识不足,管理的力量相对薄弱,存在部门单打独斗等问题。”

如何破题?周贤富想起了一句话:“真正的保护区应该建在人们心里。”如果将湿地保护意识植入每一个人的心中,湿地保护工作将事半功倍。怀抱着这份信念，周贤富将工作的目光投向与湿地共生的村镇，开启了漫漫宣教科普之路。

一支队伍：培养一批批“土专家”

为保护湿地发声，只有周贤富一个人是远远不够的，还需要更多和他一样在基层的守护者。

“我们每年都会对护林员进行不少于2次的业务培训，讲解政策法规、邀请专家授课，还会进行随堂测试，提升业务能力。”周贤富说，“通过培训还可以激发护林员的兴趣，通过‘传帮带’培训出一批批的湿地保护‘土专家’。”

儋州市新英湾红树林保护区护林员陈正平和新盈红树林国家湿地公园护林员罗理想就是培训的受益者。通过培训，陈正平和罗理想的专业知识不断充实，成了当地湿地保护小有名气的土专家。陈正平会在候鸟迁徙季向当地村民宣传儋州湾湿地鸟类知识，号召人们保护湿地和鸟类；罗理想常常苦口婆心地与村民讲道理，告诉他们不要砍树，不要围海养殖，共同筑起儋州湿地保护的前沿防线。

2020年，陈正平还在相关机构的支持下，发起成立了儋州湾湿地护鸟队，参与儋州湿地巡护、鸟类监测等许多重要的工作，周贤富为儋州湾护鸟队授旗。“我们从政策和制度上为他们提供帮助，配备巡护服装等基础设备，协调整合森林公安和综合执法力量对他们报告的涉嫌破坏湿地违法行为依法进行打击。”周贤富还在各种评优活动中推荐表现优秀的护林员，陈正平、罗理想等人获得了海南“全省最美护林员”等荣誉，探索建立“能者上、庸者下”的人才培养机制，推荐提拔表现优秀的护林员晋升为管理员，提高工资待遇，完善保障措施，让许多护林员备受鼓舞。

一场动员会：组织基层干部走进湿地

2021年年底，儋州市新州镇政府的会议室里，干部们排排坐，时不时在笔记本上记录着。这是周贤富牵头举办的“关于加强候鸟等野生动物保护工作”的会议，参会的村镇干部和儋州湾湿地护鸟队的队员、志愿者，都是儋州湿地保护的重要力量。

“护鸟队和志愿者能做的是加强巡护，并没有执法权，在发现破坏湿地行为时也只能劝阻。”周贤富说，“村镇干部对湿地的认识很重要，他们在当地有威信，能很好地调动执法力量，更好地做群众工作。”这场会议在为2022年海南越冬水鸟调查做铺垫，更为村镇干部与儋州湾湿地护鸟队的队员、志愿者搭建沟通的桥梁，更好地配合，做好湿地保护工作。

这并不是周贤富第一次组织村镇的动员会。

“每年我们都会在湿地保护的重点村镇，组织数十名村镇干部和社会志愿者走进湿地，为他们讲政策，切身地感受湿地的重要性。”周贤富说，“这场培训不局限于坐着开会，更像是‘春游’。”周贤富当起导游，带着村镇干部走进湿地，了解红树林的生长环境，讲解水鸟需要的栖息地条件，还会制作关于湿地的短视频，将政策变成通俗易懂的语言，激发他们的保护意识。目前，周贤富已经陆续在儋州的新州、排浦、木棠、峨蔓、光村、南丰、兰洋等村镇组织培训，参与培训人次近千人。

湿地保护的“最后一公里”还是要依靠周边生活的村民。周贤富利用村民们喜闻乐见的表达方式，在水鸟迁徙的季节到乡村开展活动。“儋州调声是儋州传统民歌，也是国家级非物质文化遗产之一，我们通过儋州调声吸引周边村民一起参加‘儋州湾爱鸟周’等科普宣教活动。”周贤富说，“活动还设置了许多有趣的小游戏，让村民在游戏中了解湿地。”

得益于周贤富开展扎实的基层工作，越来越多的村镇干部支持儋州护鸟队的工作。在水鸟喜欢觅食的南岸滩涂上，渔船冬季靠岸粉刷油漆保养，村干部挨家挨户与渔民沟通，将渔船停靠别处；洋山村农田湿地里，村干部主动动员村民收拾农业废弃垃圾，维护湿地环境。乡村干部和村民的行动和意识上都有了很大的改变。

一次次建言与沟通：湿地保护从政策到落实

在紧抓基层保护意识提升的同时，作为政策上传下达和落地实施的“中转站”，周贤富一直通过不断沟通去寻找最优解，将湿地保护措施真正地落到实处，守护儋州的每一寸湿地。

2019年，儋州市开展自然保护地整合优化工作，周贤富发现鸟类主要觅食地之一的新英湾盐田湿地因在《儋州市总体规划（2015—2030）》中属于建设用地而未纳入整合优化预案内，他及时开展沟通协调，并积极向上级提出建议。最终，儋州市委市政府研究同意将该块面积1400余亩的建设用地纳入《儋州市自然保护地整合优化预案》。

2020年，儋州开展红树林造林工作，拟将新英盐田湿地全部改造为红树林，周贤富获悉后与鸟类及红树林有关专家进行了积极协调，最终按照“自然修复为主、人工修复为辅”的原则修改了方案，保留了相当面积的湿地供水鸟觅食和栖息。

观鸟爱好者在儋州湾湿地拍鸟

村民赶在太阳下山前赶小海

2021年，儋州湾生态修复项目开展围堰作业，因排水口太小导致大量红树林长时间浸泡在水中，周贤富发现后及时协调，增加围堰开口，加强海水自然流通。2022年，海南环岛旅游公路环新英湾支线拟穿过鸟类主要觅食的湿地，周贤富找到专家论证后向有关部门书面提出了果断否定建议，项目最终改变了路线……

从事湿地保护工作多年，周贤富发现，湿地保护意识正在基层慢慢萌芽。

“现在，无论是从社会对湿地的关注度还是政府部门对湿地保护的意识上都有了很大的提升。”周贤富看到，无论媒体报道的频率，还是每年人大、政协会议上，提及湿地保护的建议和提案都有较大的增加，多年来播种下去的湿地保护种子，已经在越来越多的人心里生根发芽。

“生态是发展的本钱，守住湿地就是守住生态底线，就是保护我们的财富。”周贤富知道，他还需要继续往基层扎根，持续做好湿地保护的“园丁”。周贤富希望，以后湿地都不再需要人工巡护，不再需要护林员，每个人都自发地保护湿地，那也是他用心浇灌的种子开花结果之时。

撰稿者：谭琦

本文照片由受访者提供

与湿地共同成长的女性青年力量

——崔百惠

在长江与东海交汇处，有一块鲜为人知的净土——长江河口湿地。那里人迹罕至，是浮游生物、鱼类“活化石”中华鲟和候鸟的天堂。

近年来，这片湿地的生态环境越来越好，其中的上海崇明东滩鸟类国家级自然保护区部分区域正在申报世界遗产。这得益于社会各界力量的保护合作，也离不开越来越多青年力量的加入。“85后”女生崔百惠，就是其中一员。

CWCA
MCF
红树林
基金会
我和湿地的故事
从水生生物研究、中华鲟保护到
自然教育实践，与长江口湿地共同成长的
“85后”女青年
崔百惠
上海崇明东滩鸟类国家级自然保护区环境教育中心科员
扫码阅读全文

崔百惠是上海市崇明东滩自然保护区管理事务中心环境教育中心（以下简称“保护区”）的一滴新鲜血液，但她与长江口这片湿地，却有着长

达10年的深厚的缘分。崔百惠大学学习水产养殖专业，因为一次用显微镜观察水里浮游生物的机会，打开了她对湿地的好奇心。“古人总说‘一菩提一世界’，原来在我们身边，一滴水也可以是一世界！”她笑着说道。

研究生期间，她选择攻读水生生物学专业，从事九段沙水域附近的浮游植物群落研究。毕业后，她的第一份工作是保护中华鲟及其栖息地。之后，她又加入了保护区从事科普宣传教育工作。崔百惠不断挑战自己的极限，也诠释着湿地保护中女性青年的力量。

从绚丽的浮游植物开始了解湿地

当崔百惠在研究生期间第一次登上被誉为上海“最后的处女地”的九段沙时，她觉得自己来到了世外桃源，这里芦苇丛生、水巷交错、苇塘清风、飞鸟翱翔，完全符合想象中的湿地风景画。

九段沙位于长江与东海的交汇处，是由长江泥沙淤积而成的最年轻的沙洲。自从2000年成立上海市九段沙湿地自然保护区以来，这里始终维持着河口原生态自然湿地的状态。420.2平方千米的岛上只有一幢矮楼，两个巡护员轮流值班。数百条潮沟穿过滩地，为年轻的鱼儿开辟育肥的场所。生长着我国特有物种植物海三棱藨草的大片滩涂上，吸引了成千上万的候鸟来此栖息、觅食。

九段沙逐渐成为上海乃至长三角地区的重要生态屏障，但是当时对其周围水域和水下浮游生物和环境因子变化的研究还不多。于是，崔百惠决定研究九段沙附近水体浮游植物群落结构的变化。当天气风向允许，她便带上一大箱的器材出海采集水样。坐在颠簸的快艇上，她需要有条不紊地使用水质监测仪检测水体各项理化数据，打捞水样和收集浮游生物样本。

支撑崔百惠日复一日出海采样的是回到实验室，打开检测仪那一刻未知的兴奋。除了分析常规的水体理化指标外，她最喜欢在显微镜下观察浮游植物的美。她说：“微观世界里的藻类像一个个爆炸的宇宙，有的似展开的万花筒，有的又如长条形的竹节虫。看着五彩斑斓的它们，时常让我忘却现实世界的烦恼。”在2012—2013年调研期间，她共鉴定出浮游植物147种，其中，九段沙附近水域主要优势种有硅藻门的中肋骨条藻、颗粒直链藻极狭变种、颗粒直链藻、尖针杆藻、梅尼小环藻。

虽然观察浮游植物是有趣的，但崔百惠也不忘自己的研究目标：探寻藻类的生长规律与环境的变化，为长江口和其连通的黄浦江水域建立赤潮灾害预警机制。虽然浮游植物是水域生态系统的主要初级生产者，产生地球上大部分的氧气，是物质循环和能量流动的基础。但是过量的藻类却会降低水体透明度，产生毒气，导致水下的鱼类和其他生物缺氧，危及城市用水和生态安全。崔百惠认为，不仅要从源头上控制氮磷污染物的排放，还要进行长期生物监测，如完善浮游植物的监测技术和提高监测频率，积累数据，才能制定长期治理方案，形成预警机制。

在稀有的中华鲟保护中找到对湿地的热爱

为了让自己的研究学以致用，研究生毕业后，崔百惠加入了上海市长江口中华鲟自然保护区管理处物种保护科。她的到来，解决了保护区水环境水生生物研究的空缺。浮游生物是水质的指示器，而好的水质是中华鲟栖息的关键因素。

中华鲟是长江中最大的鱼，体呈纺锤形，头尖吻长，口长在头的下部。独特的体形特征让它喜欢在水底活动，取食行动迟缓的小鱼小虾。而小鱼小虾主要吃水里的浮游生物，因此中华鲟多的地方，水生态系统一般也较为完善稳定。

因为保护区一线人员较少，崔百惠还主动做起了中华鲟救护工作。2017年以后，野外再未监测到野生中华鲟的踪迹，因此各类保护区是它们唯一生存繁殖的地方。长江口的中华鲟通常是上游放流的小中华鲟，偶有渔民误捕，便会交给上海市长江口中华鲟自然保护区。

上海市长江口中华鲟自然保护区养殖池中的中华鲟

崔百惠学会照顾中华鲟的饮食起居，给中华鲟做B超，与好几条中华鲟都成了“好朋友”。“我还记得‘中华鲟306’特别胖，滚滚的肚皮，每次我去喂食，它都抢得最快。但是2021年我回到老单位，它已经不在原来的池子里了，没能见到它特别遗憾。”崔百惠失落地说道。

在长江口中华鲟自然保护区工作的五年里，崔百惠成了一个多面手，从埋头做研究，到养殖驯化中华鲟、开展长江口中华鲟及其他水生生物监测、参与中华鲟繁育工作，再到申报科研项目、参与编写科考集，等等。她或是泡在实验室，或是端坐电脑前，或是行走滩涂上，或是乘船漂江上。

用自然教育帮助女性在湿地保护中走得更远

从守护九段沙湿地转而守护东滩湿地，崔百惠一直以自己从事的湿地保护事业为骄傲，但是作为女性，她也常常需要克服一些不为人道的社会阻力和性别挑战。

崔百惠本来是晕车体质，在3年的研究生学习生涯中，10多次浪里颠簸，胃里翻江倒海，十分难受。为了能顺利进行船上采样工作，她经常一整天三餐不进，早上天还没亮就出发，直到天黑了才能回到宿舍吃上一口饭。愣是凭着毅力克服了眩晕的症状。但湿地、大江大海上的潮气，却让崔百惠落下了一些病根。

在毕业后的工作中，崔百惠积极参与一线物种保护和执法宣传。在喂养中华鲟时，被尾巴扫的身上青一块紫一块是家常便饭。崔百惠与很多女性保护项目官员的合作中发现：频繁的出差，常常让她们不得不面对更多来自社会对于"女性从事自然保护能否兼顾家庭"的质疑。

崔百惠没有被这些挑战劝退，而是在一次中华鲟的接待中，发现了女性在自然教育行业中的可能。那是一个夏天，崔百惠临时承担了接待小学生访客的任务。小孩们看到玻璃钢中巨大的中华鲟，露出天真烂漫的笑容，争先恐后地挤到崔百惠身边问道："老师，这是什么呀？长这么大。""老师，这个我吃过。""老师，它们会吃人吗？" 崔百惠耐心地回答他们一个个的问题，看到他们脸上"原来如此"的表情，心里突然感到一阵前所未有的快乐和满足。

这次经历让崔百惠意识到，女性在自然保护中，为什么不能利用性别优势，比如亲和力和耐心，多承担一些知识输出和沟通的工作呢？尤其是针对大众的科普宣传教育上，无论是小孩还是成年人，天然对女性有更多信任感。于是，当2020年中华鲟保护根据上级要求转由上海市崇明东滩自然保护区管理事务中心管理时，崔百惠毫不犹豫地选择去了环境教育中心这个部门，从头开始，从事湿地科普宣传教育工作。

上海崇明东滩鸟类国家级自然保护区是以迁徙鸟类及其栖息地为主要保护对象的野生动物类型自然保护区。崇明东滩及其附近水域是具有全球意义的生态敏感区，是迁徙水鸟补充能量的重要驿站和恶劣气候下的良好庇护所，同时也是部分水鸟的重要越冬地，是国际重要湿地。据调查统计，每年在保护区栖息或过境的候鸟近百万只次。

两年里崔百惠学习如何编写自然教育课程、如何成为一名带教自然活动的老师、如何编写自然教育规划、如何策划一场自然教育活动、如何解说得有趣而引人入胜…… 带队和参与的主题日活动、社区宣传活动、学生自然教育活动及志愿者活动达69场，也在2021年拿到崇明区科普讲解大赛二等奖。

慢慢地，她也摸索出了一套针对不同人群的湿地自然教育心得。她说：“小学的孩子，正是对一切充满好奇的阶段。我们要尽可能地给他们展示湿地里的物种，告诉他们不同的物种喜欢吃什么、住在哪里，培养他们对自然的兴趣。当孩子到了初中，可以尝试让他们自主发现湿地里的一个问题，比如制作一份互花米草在崇明区的分布图，可以锻炼研究和表达能力，为高中的学习做准备。”

针对成年人，为他们构建一套自然教育对于社会及自身的意义则更为重要。企业社会责任（CSR）项目与自然保护结合，是当下自然教育活动的方式之一，但是如何让来参加的员工放下手机，真正投入到志愿活动中？是需要不断探索的课题。

企业员工在东滩湿地滩涂上捡拾垃圾

崇明东滩上的白头鹤

崔百惠组织开展了保护区“清洁湿地”自然教育项目，除了让企业员工深度参与并体验自然保护管理实际工作之外，还会用大量时间对参与者进行行动前科普，告诉他们为什么要在东滩湿地捡垃圾？湿地里的垃圾是哪里来的？湿地里垃圾的构成、危害等是什么？湿地垃圾会对自己的生活产生什么影响？揭示这些隐秘的关系，坚定了志愿者参与湿地保护的意愿。

以清洁湿地项目为载体，崔百惠和同事组织埃顿、迪士尼、陈家镇党建服务中心、庄臣、雀巢、沃尔沃等企业单位开展了多期清洁湿地企业CSR活动，扩大品牌影响力的同时，开展了清洁湿地主题的课程研究，完成了两本清洁湿地课程教材《湿地卫士》和《塑料垃圾的前世今生》。

除了开展宣传教育工作外，保护区环境教育中心努力搭建自然教育体系，研发湿地教育课程。联合阿拉善SEE东海项目中心、红树林基金会

（MCF）组织开展鸟类科普基地自然教育规划工作坊，共同推动崇明东滩鸟类科普教育基地自然教育体系的搭建与现场运行方案。

东滩湿地环境与自然教育的提升，也助力保护区积极开展世界自然遗产的申报。2022年6月，上海崇明东滩鸟类国家级自然保护区已正式成为中国黄（渤）海候鸟栖息地（第二期）世界自然遗产提名地。崔百惠参与推动申遗宣传片、宣传画册的制作和出版工作。未来，她将在更大的平台上，探索社会公众参与自然保护区的管理模式。

从学校实验室到物种保护一线和现在社会自然教育一线，崔百惠的身份一直在变化，唯一不变的是她对长江口这块原生态湿地的热爱和对湿地保护事业的坚持。

作为一位与湿地共同成长的女性青年，崔百惠的故事也激励着无数自然保护中的新新力量。就像野生救援（WildAid）尼日尔三角洲森林项目总监(Rachel Ikemeh)所言："女性天生具有善于培育的特质，而自然保护作为一种职业，正是对自然，即物种和栖息地的培育。如果女性有机会再更大的空间里做自己，表达自己，我们将会看到自然保护领域有更多女性从事着他们生来就有天赋的事……"

女性和青年，不是被束缚的某个固定角色，也不应该因为追求一条"非传统"的职业道路就被看作不合常规。没有什么可以限制我们"成为"谁，成为是一种变化的状态。如果用动态的视角审视湿地，我们会发现其中不仅蕴含着生物多样性与生机，还蕴含着没有被发掘的女性和青年的力量。

撰稿者：陈思

本文照片由受访者提供

在湿地中成长，用热爱与陪伴和孩子一起守护湿地

——马嘉

2022年6月8日，《湿地公约》发布第二批“国际湿地城市”名单，全球共有25个城市入选，盘锦便是其中之一。盘锦隶属于辽宁省，位于渤海最北端，地处辽河三角洲的中心地带，拥有辽宁省最大面积的湿地，其自然湿地的面积达2165平方千米，素有“湿地之都”的称号，是众多野生动物的栖息地，也是东亚—澳大利西亚候鸟迁徙路线上重要的中转站和繁殖地。

马嘉是这里土生土长的姑娘。她从小就很喜欢大自然，喜欢小动物。儿时在滩涂上捡拾泥螺、捕鱼抓蟹的美好记忆和玩耍经验，成为她

对盘锦湿地最初的感知和认识，让她对家乡的滩涂和鸟类有一种特殊的爱和责任感。

长于湿地，教于湿地

“我的书架上摆放着3本与湿地有关的书：《我的湿地鸟类朋友》《云中的风铃》《大自然笔记》。每有空闲时间便随手翻翻。”这是马嘉最初从科学的角度认识湿地和鸟类的途径。

2015年9月，马嘉来到盘锦市辽河油田兴隆台第一小学（以下简称“一小”）工作。2015年10月，湿地国际、盘锦辽河口国家级自然保护区管理局在一小联合举办“2015年湿地学校网络暨黄渤海湿地保护网络交流会”。马嘉也参加了这次会议。在交流会上，湿地保护专家、研究学者关于湿地环境教育经验、湿地生物多样性保护和滨海湿地环境保护对策等内容的发言，让刚入行的青年教师马嘉欣喜不已。这一次，马嘉不仅对湿地有了更系统、更深入的了解，还坚定了自己参与湿地保护行动的决心，萌发了“保护湿地生态要从娃娃抓起，为建设更好的生态环境贡献出自己的力量”的想法。

2017年9月，马嘉开始担任一小一年级2017级4班的班主任。这个班她一带就是5年。

“刚开始接触一年级的小朋友，和小朋友在一块儿非常开心，但我知道这也需要自己有更多的责任心，不仅要对他们的学习生活负责，还要正确地引导他们的兴趣爱好。”马嘉相信，孩子小时候接触到什么样的教育，就可能看到什么样的东西。于是，她开始慢慢地给学生讲解湿地和鸟类知识，开展湿地保护宣传活动，带着他们去湿地参观、参加观鸟活动等。

“我从小就很喜欢鸟，来学校工作后常常跟着少先大队辅导员夏秋主任开展护鸟活动。夏秋主任很早就开始关注鸟类保护，并持续带着学生们一起参与保护行动。她付出了很多的时间和精力去开展环境保护和教育活动。我也是受她的影响，开始观鸟，参与护鸟工作。接触越多，我越觉得前辈们做的这些湿地、鸟类保护工作，真的是一项非常伟大的事业。”从前辈们的行动中获得力量的马嘉，又将自己的热爱传递给了自己的学生。

一小有一个传统，就是每个班级需要根据各自的兴趣和特点，为班级选定一个主题，并向学校提出申请，获批后这个班级就是所定主题的模范班级。2019年，马嘉与自己担任班主任班级的学生商量，大家一致同意将班级定为“爱鸟班”。“孩子们特别喜欢鸟，平时也很关爱小动物，我们就申请了这个，然后很荣幸地成了学校的‘爱鸟班’。”这是她和全班学生的共同选择，是一份荣誉，也是一份责任。

2021年“世界候鸟日”，盘锦市黑嘴鸥保护协会走进校园，与一小师生一起开展“让鸟儿在校园中歌唱”的主题班会。马嘉向全体同学发出倡议，指导他们提前查阅资料，了解鸟类的生物学习性，动手制作一件与鸟类有关的手工作品或者表演一个与鸟类有关的节目。在班会上，同学们展示了自己精心制作的漂亮鸟巢、头饰，还用歌声、鸟类行为模仿等表达了自己对鸟儿的喜爱。

世界地球清洁日活动

“一开始他们可能只知道小鸟很好看、很可爱，后来他们看见鸟知道应该保护它、保护它的栖息环境，从而保护我们的家园；现在有的孩子不仅能辨识鸟，还能讲解它们的生活习性。这是我第一次当班主任，陪着学生一点一点长大，我也跟着他们一起慢慢进步和成长。”尽管开展这些活动要占用自己大量的休息时间，但马嘉觉得很值得，也做得很用心。

马嘉经常对学生说：“鸟类择地而栖，用翅膀指示着一座城市的生态环境状况。希望我们通过努力能守护住鸟类的生存环境。如果它们每年都回来，那么我们付出再多努力都是值得的。”

学校为湿地保护教育护航

马嘉所在的盘锦市辽河油田兴隆台第一小学始建于1972年。这是一座生态型的花园式学校，不仅具有优美的校园环境，还构建了比较健全的绿色教育体系。生态环境教育一直是该学校的办学特色。

“我们学校非常漂亮。”马嘉特别自豪地说道。绿树成荫、花果压枝，这个校园拥有花坛、草地、树林等形式多样的绿地景观，布满了山楂、苹果、杏、银杏、李、杨、葡萄、紫藤、柳、玉兰、枫香、海棠、梧桐等植物。“孩子或者家长、老师进入学校，感觉到这个学校不只是钢筋水泥，而是充满绿色，是用心设计的。”这是马嘉心目中的花园式校园。2010年，一小被辽宁省环境保护厅、辽宁省教育厅授予“环境友好学校”称号。

早在1985年，一小就已经开始探索和开展环境教育、环境保护活动和课程，至今已有37年。校园内建有湿地博物馆、环保展室，向学生介绍和展示湿地生态系统及其价值、生物多样性保护等知识。教学楼每层教室外廊道的墙壁上都挂满了与盘锦自然景观、学生环保活动、湿地和鸟类保护有关的宣传资料和图片。这是学校开展湿地保护教育的窗口之一。

劳动教育是一小的重点课程之一。校园内的山楂园、生态教育廊道以及两个劳动教室，是全校学生进行劳动实践的主要场所。学校组织全校师生在校园中搭建生态教育长廊，用废旧的饮料瓶种植了上千瓶瓶栽植物。这些植物是学校开展环境教育、劳动教育课程的最好的教具。学校为各班级划分了生态教育长廊责任区域，要求其对该区域进行管理，比如为植物浇水施肥、撰写并展示观察日记等。每学期，学校还会以生态长廊为主题组织征文比赛、“植物画”创作、“种植小能手”评选等活动。这不仅锻炼了学生的综合能力，还培养了他们的责任心。

传授知识和技能，以培养社会创新思维的科学教育在学校教育中变得越来越重要，特别是在小学阶段的教育中。为了更好地开展科学课，弥补小学科学教材在地化的不足，一小组织学校教职工，根据不同学龄段儿童的学习特点、要求和学校现有的资源情况，自主编写了校本教材，将科学、劳动、生物多样性保护、生态文明等理念和知识融入课堂。

《国家教育事业发展“十三五”规划（2016—2020）》中提出了“增强学生生态文明素养”的要求：强化生态文明教育，将生态文明理念融入教育全过程；开展可持续发展教育，树立尊重自然和保护自然的生态文明意识。这也是一小一直坚持践行的生态环境教育理念。

2003年，一小被盘锦市环境保护局、盘锦市教育局命名为“盘锦市绿色学校”“盘锦市绿色标兵学校”；2004年，被辽宁省环境保护局、辽宁省教育厅授予辽宁省“绿色学校”称号；2007年，被国家环境总局、中华人民共和国教育部评为全国绿色学校创建活动“先进学校”；2012年，被《环境教育》杂志社授予“全国环境教育示范学校”称号，并荣获中国学校环境教育最高奖项——“地球奖”；2013年，中国野生动物保护协会授予一小“未成年人生态道德教育示范学校”称号；2016年，被湿地国际授予“湿地学校”称号；2018年，被《环境教育》杂志社评选为“2018全国生态文明教育特色学校”；2020年，成为环境教育杂志社全国生态文明与环境教育发展联盟理事单位。

和孩子一起守护湿地

尽管学校提供了强大的教育支持和丰富的教育资源，马嘉仍觉得不够。“我觉得在孩子和鸟类近距离接触这方面，孩子能走出去亲身观察的机会不多，多是通过图片或者老师讲解来了解鸟类。即使能出去，出于对学生人身安全和减少对野生动物影响的考虑，每次也只是小部分孩子参与。光是看图片、听讲解，没有实地去看，学生的感受可能也没有那么深。所以，我还是希望多给孩子们创造能参与各项活动的机会，让他们能真真切切地去看见和感受鸟是怎么生存的，这样他们才会理解我们为什么要保护它们，应该怎样去保护它们。”于是，她带着学生参加“野生鸟类放飞”“湿地鸟类生存现状考察”“辽河岸生态调研”“红海滩清滩”等形式多样的实践活动，积极为孩子们搭建参与户外活动的平台。

每年爱鸟周期间，马嘉都会带着学生举办形式不同的爱鸟护鸟活动，比如走进湿地进行自然观察和自然笔记创作，引导学生去了解和关注湿地与水鸟的生存环境，以及理解湿地保护意义。“保护湿地，不仅是保护珍禽异鸟，也是保护人类自身；不仅是保护人类的今天，也是保护人类的明天。”通过不断的讲解、丰富的活动，学生们对自己的家乡越来越了解、越来越热爱，对湿地及其物种有了更多的认识，保护生物多样性的责任心也越来越强。不管是在学校还是在日常生活中，他们都积极争做湿地、鸟类保护的小宣传员和小护卫员。

像前辈们对马嘉的启发和引导一样，马嘉的一言一行也时时刻刻影响着她的学生，在学生心中深埋了一粒保护的种子。

撰稿者：夏雪

本文照片由受访者提供

自然教育“海珠模式”的践行者

——冯宝莹

CWCA
MCF
红树林
基金会
我和湿地的故事
探索一条中国特色的自然教育之路，
凝聚更多社会力量共同保护湿地和生态
冯宝莹
海珠湿地自然学校副校长
扫码阅读全文

入则自然，出则繁华。这是广州海珠国家湿地“城央绿心”的真实写照。它位于广东省广州市海珠区，占地1100公顷，相当于3个纽约中央公园、4个伦敦海德公园的大小，是中国超大城市中心城区面积最大的国家湿地公园。

2012年，广州市政府探索提出“只征不转”的方式，一次性征地保护万亩果园，获国务院批准，让海珠湿地一个从环境破败的“万亩果园”蜕变成为具有全国引领示范意义的国家湿地公园。

10年来，海珠湿地的鸟类种数从72种增加到187种，维管束植物从294种增加到835种，昆虫种类从66种增加到736种，鱼类从36种增加到60种。此外，海珠湿地还对调节城市气候、净化城市空气、调控城市水体、改善城市生态环境起着极为重要的作用，与白云山并称为广州中心城区的两大生态屏障。

这里也已成为粤港澳大湾区向世界展示生态文明建设的重要窗口，其探索的自然教育“海珠模式”更是成为业内学习的范本。

愿做自然教育的“星辰”

7月23日，是日大暑。37.5℃的最高气温，让广州迎来30年来最热的大暑日！

然而，就在这酷暑难耐的伏天，海珠湿地自然学校第四期“雁来栖”正式开班！经过面试选拔的50名志同道合、热爱自然、践行公益的市民，在这里开启了为期一年的自然教育专业课程学习。7岁孩童的宝妈刘女士就是其中一员。

“‘雁来栖’这个项目很好，我一看到报名推文，就马上报名了！”刘女士曾和孩子一起多次参加“雁来栖”亲子自然课程，“我觉得给孩子震撼最大的就是插秧活动。以前孩子就算背诵了‘粒粒皆辛苦’，都没什么感觉。但是体验完插秧活动后，他就知道农民伯伯有多辛苦、多不容易，进而他才知道爱惜粮食。同时，孩子也了解到农作物自然生长的规律，比如不是春耕完就秋收，中间还有育苗、除虫、灌溉等环节，这些也促使他对生命有了新的认知。”

正是看到孩子在触碰“自然”后的可喜变化，刘女士决心加入“雁来栖”，成为一名专业的自然教育志愿者。“城市里的孩子每天面对钢筋水泥，天天待在空调房，真正能接触自然的机会很少。我希望借此机会和孩子共同成长，也能影响身边更多的宝妈！”

点点星光，汇聚成星海。在这星海之中，有一颗“星辰”如同启明星般闪耀。她，就是广州市海珠湿地自然学校副校长冯宝莹，“星辰”也是她的自然名。

“没有自然教育中情感的启发，就不可能有环境教育中‘价值观’的树立。”冯宝莹说，自然教育解决的是人心的问题，她愿意做自然教育的“星辰”，让人心回归自然，保护自然。

海珠湿地“雁来栖”第四期开班

“雁来栖”志愿者开展湿地公益课程

大自然的孩子选择了“自然”

冯宝莹，一个出生在岭南水乡的女孩，之所以选择投身环保事业，正是因为大自然给予了她心灵感悟和触动。

“我的家乡是顺德逢简水乡。我从小就在这个美丽的自然环境下自由玩耍、快乐成长。我深爱着这个滋养我成长的‘自然’。”但是，随着社会的发展和年龄的增长，冯宝莹发现这个曾经孕育自己成长的环境变得越来越差了，垃圾多了、污染也多了……

于是，在2009年考大学时，她毫不犹豫地选择了广州大学的环境科学专业。“就是一种使命感，让我选择了这个专业。希望以自己的所学，去改变被破坏的自然环境。”

大学期间，冯宝莹坚持初心，热衷参与各种环保宣教活动，担任广州大学绿色动力协会的会长，带领协会成员在大学校园内组织开展节能减排、绿色出行、垃圾分类等主题校园环保活动，并在广州的多个小学内定期开展环境教育课程。在2010年广州亚运会期间，由于环保宣教工作表现突出，她还被评为“亚运绿色出行活动优秀志愿者”。

2013年，品学兼优的冯宝莹获得了保研资格，师从广州大学环境科学与工程学院陈南教授。“陈南教授是我生命中的贵人之一，她让我茅塞顿开，让我知道了‘环境教育’就是我想追求的方向。”冯宝莹说。

2016年，冯宝莹硕士毕业，此时的海珠湿地自然学校也刚刚成立一年。毕业后在这里实习的冯宝莹自然而然地来到了海珠湿地工作，正式踏上了自然教育事业的征程。

“刚开始工作的时候，我确实有些郁闷。”因为校园里学习的理论与现实工作的脱节，让冯宝莹一时间有些迷茫，“觉得以前在学校做宣讲、组织活动，这些对环保事业来说真的是九牛一毛，太表面了！”于是，她暗下决心要扎根海珠湿地这块具有全国引领示范意义的国家湿地公园，以“自然教育”为目标，踏踏实实地干出一番事业。

“宣教中心的范存祥主任是我人生路上的另一个贵人，是他引导我慢慢适应职场生活，教会我如何系统地去做好一件事情。”冯宝莹时常感慨自己的幸运，在人生重要阶段总能遇到贵人相助，让她在理想道路上越走越好。

扎根海珠湿地，潜心研发自然课程

决心已定，付诸行动。冯宝莹一头扎进了自然学校的校本课程研发之中。

“课程是自然教育从业机构的核心竞争力。”冯宝莹先后带领团队研发出“探秘湿地”“飞羽天使”“湿地研学”等系列自然教育课程。2017年，她又联合9所学校的骨干教师组建了“海珠湿地校本课程”研发团队。经过一年半的匠心打磨，该团队研发出“湿地基因”“湿地鸟趣”和“湿地绿影”3个单元共18节课的本土特色自然教育课程和读本，被广州市教育局评为“优秀青少年科技教育项目”，2019年获评中国林学会“全国自然教育优质书籍读本”。

“研发课程也是一个提升团队专业化的过程。”冯宝莹说，要做好自然教育，首先得自身硬。但是自然学校的可持续发展，仅仅依靠自身人才队伍是远远不够的。

于是，一套自然教育“海珠模式”逐渐浮出水面。

大胆探索，“海珠模式”走在全国前列

在看到国内缺乏自然教育专业体系，以及专业人才短缺等现实问题后，海珠自然学校便主动与广州市自然观察协会、原本自然、鸟兽虫木等20多家自然教育机构建立了合作伙伴关系，长期相互扶持、共同学习成长。自然学校在支持各机构发展的同时，还联合各合作伙伴为公众提供形式多样的自然教育服务。

海珠湿地景观（谢惠强 摄）

2019年，冯宝莹联合自然教育伙伴启动了海珠湿地“雁来栖”志愿项目。

“之所以叫‘雁来栖’，就是希望海珠湿地能吸引、聚集社会的优秀人才前来参与湿地的共建；希望团队能发挥领头雁的作用，助力我国湿地生态保护和自然教育事业的发展；希望在我们的共同努力下，海珠湿地建设得更美好，吸引更多生灵前来栖息繁衍。”冯宝莹说。

目前，这一项目已经培养了133名自然教育和生态保护专业的志愿者。每逢节假日，这些志愿者作为海珠湿地自然导师为游客提供生态导赏服务，累计上岗900多人次，服务游客超5万人次，成为一支日益壮大的自然教育人才队伍。

7月23日，是第四期“雁来栖”项目正式开课的日子。冯宝莹在为学员上课时，特别提到了海珠自然学校的运营策略。

黑翅长脚鹬在海珠湿地飞翔（谢惠强 摄）

“虽然疫情对很多行业的影响很大，但是对我们的合作伙伴来说影响并不是很大。”冯宝莹表示，“因为认识到自然教育的重要性，所以海珠湿地给予了合作机构大力支持，包括场地的支持、经费的支持、人力的支持，比如会推荐优秀志愿者作为机构的助教、邀请优秀机构共同参与课程研发项目等。”

此外，海珠湿地在专业机构的指导下，早已建立起全国首个国家湿地公园ISO体系，并通过了评审认证，自编了186份标准化制度，其中就包括《自然学校管理规范》。根据管理规范，每个自然教育机构都必须配有一名自然学校专职人员对接所有课程管理。自然学校采用课前审核、课时监管、课后评估的管理方式，对运作成熟的优质课程和信誉度较高的机构，给予优先分配教学资源、减免场地费用等支持，禁止审核不通过或者列入黑名单的机构开展课程。

正是有了一整套的规范管理制度，一个专业化、精细化、品质化的海珠湿地自然教育品牌逐渐显现。

分享经验，开放包容，胸怀自然

这些年，国内外不少自然保护地的同行慕名而来，纷纷向“海珠模式”取经。要问这一模式的秘诀是什么？冯宝莹坦言：“我觉得就是开放包容的心态！”

每个地域都有不同的资源禀赋，但是冯宝莹认为，开放包容的心态是每一个自然教育事业推广建设者应有的胸襟。

“我们是搭建一个平台，希望不同的人都能在这个平台上找到合适自己的位置，去发光发热，接纳更多社会力量参与到自然教育事业中，这样才能培养更多绿色公民，凝聚更多社会力量去保护生态，这也是贯彻习近平生态文明思想的一种方式。”冯宝莹说。

展望未来，冯宝莹希望能不断提升自己的学术水平，基于海珠湿地这个宝藏平台，积累更多的经验，为全国的自然教育事业贡献力量。

“海珠湿地给予了我广阔的发展空间，我所从事的自然教育事业的最终目的，就是为了保护好湿地、保护好生态环境。我想这就是我与湿地难舍难分的情缘故事。”冯宝莹说。

撰稿者：张婧

本文照片由受访者提供

海珠湿地俯瞰（谢惠强 摄）

做自然的解语人

——孟祥伟

位于深圳市南山区滨海大道的广东深圳华侨城国家湿地公园（以下简称“华侨城湿地”）是国内目前面积最小的国家湿地公园，也是目前唯一一个位于现代化大都市腹地的滨海红树林湿地，如同镶嵌于城市中央的一块绿翡翠。这片占地68.5万平方米的湿地，拥有水域面积约50万平方米，与深圳湾水系相通，也是深圳湾滨海湿地生态系统的重要组成部分。这里是包括黑脸琵鹭、豹猫在内1300多种野生动植物的家园。

然而在2007年之前，华侨城湿地还只是一片见证现代城市化进程的“璞玉”。

MCF
我和湿地的故事
还湿地一片自由生长的天地，
重建都市与自然的联结
孟祥伟
广东深圳华侨城国家湿地公园办公室主任
华侨城湿地自然学校校长
扫码阅读全文

20世纪90年代，深圳湾滨海大道的建设永久地改变了这2.5千米的深圳湾原始海岸线，使之成为一个与深圳湾自然潮汐相望的内湖。在随后的一段时间里，这一片原始海岸线的天然红树林与泥滩在生境改变后“百废待兴”。2007年，深圳市政府将这片湿地委托华侨城集团管理。华侨城集团秉承“生态环保大于天”的理念，开始了长达五年的生态综合治理。

华侨城湿地自然学校校长孟祥伟是湿地的“受惠者”，也是这片生物多样性丰富的城央湿地的“调解员”。从2014年正式加入华侨城湿地管理部（以下简称“管理团队”）至今，她见证了这一方小天地的恣意生长，从看似普通的绿色园林蜕变成每一寸土壤、每一片落叶下都暗藏生机的生态家园。

“还自然一个自然的状态。”这是孟祥伟与团队从过去八年与华侨城湿地的朝夕相处中所领悟的守护心得，也是华侨城湿地始终恪守的生态保护准则，尊重自然，学习像自然一般思考，从生物的视角思考和解决问题。“与其说是保护者，其实我们更像是自然的旁观者和解读者。”孟祥伟说，“我们不用过多干预，科学的干预，顺从自然规律，大自然自会给予我们惊喜。”

做湿地的倾听者，助力自然生态复苏

对孟祥伟来说，与华侨城湿地结缘实是一场“意外”。2014年9月，她因工作调动来到这里工作。在此之前，她原本的人生轨迹与生态、与自然似乎都没有多少交集，但是这并不影响她迅速爱上这里。

“我当时第一次来的时候，就觉得这里实在是太好了，环境怡人。一句话来描述，就是很适合养老。”孟祥伟说道。这也可能是很多来到华侨城湿地的人们的第一印象。

可当她了解这片湿地的历史，使命感一点点在心中累积。深圳湾位于全球九大候鸟迁飞区中的东亚—澳大利西亚迁飞区上，是南来北往

广东深圳华侨城国家湿地公园正门

的候鸟们的重要中转站及越冬地。随着城市的快速发展和生境变化，华侨城湿地最初的定位，就是将其打造成深圳湾高潮位鸟类栖息地，与深圳湾的生态功能相互补充。他们首先从植被的配置上入手。一方面挑选如榕树、黄槿等既能为鸟类提供栖息场所，又适合滨海湿地气候条件的岭南本土植被；另一方面打造园区水环境，水是湿地的灵魂，清淤截污，为鸻鹬类和雁鸭类等水鸟营造适合的生活环境。红树林，作为深圳湾滨海湿地原生海岸线的见证者、华侨城湿地生态重要组成部分，也从原先的不足2万平方米，通过不断培育扩展到了4万平方米以上。

彼时的华侨城湿地刚刚面向公众开放两年，在生态治理后，整片湿地正逐步迸发出全新的生命力。环境场地的治理只是重建生态的第一步，湿地管理团队面临的挑战是如何让这片湿地“活”过来，一方面使它真正成为更多动物的家，另一方面也要将湿地运营成深圳市民们家门口的“心灵港湾”。

在华侨城湿地管理团队看来，湿地存在的意义不仅仅只是为了服务人类，更是为了服务这片湿地之上的各种生灵。在这里，人类的管理者应将管理的主动权交还给大自然，并为这方天地的蓬勃发展提供辅助支撑，仔细去聆听、解读湿地的需求，然后协助大自然完成生命的循环。

为了最大限度地保护湿地生态环境，从2016年开始，湿地实行“三不”原则，决定“不再对园内的植物做景观修剪，不再对蚊虫进行消杀，夜间园区不亮灯”。这是孟祥伟与管理团队所做的最大胆的决定之一。不再对蚊虫进行消杀是否会影响到市民的游园体验感，一开始管理团队也拿不准主意。但是昆虫作为整条食物链的重要一环，这些在人类看来并不受欢迎的小家伙是帮助植物完成授粉繁育的关键助手，也是许多鸟类、两栖类的主要食物来源。

“每一个物种都有它存在的意义，每个生命都是独一无二的，其实很难从单一物种的角度评判好坏。”孟祥伟介绍道，“所以我们的团队经过讨论，从整个生态系统的角度去考量，决定还自然一个自然的状态。”

在实行“三不”的管理模式之后不久，园区的各个角落都开始逐渐发生一些“声势浩大”的转变。花朵可以自然地在枝头衰败、掉落，与植物关系密切的昆虫丰富起来，暗绿绣眼鸟、叉尾太阳鸟跃然其间、吸食花蜜。到2021年，华侨城湿地已观测到超过180种鸟类，其中，包括黑脸琵鹭、白腹鹞等22种国家级重点保护野生鸟类，以及凤头鹏鹛、苍鹭等27种广东省重点保护野生鸟类。这里也成了整个深圳湾鸟类多样性最高的区域之一。

2018年底，园区内首次监测到豹猫，并在次年监测到稳定的豹猫种群。这种极少在城市中心范围内出现的珍稀野生动物，体型虽小，但却是自然界里顶尖的捕猎者。它的出现意味着华侨城湿地的生物多样性已逐步丰富，能形成生物层级稳定的生态系统。

孟祥伟无不自豪地感慨道：“豹猫的出现就是大自然对我们最好的馈赠。”

做自然的解语人，为公众解锁湿地密码

2014年，全国第一所自然学校在华侨城湿地落成。本着“一间教室、一套教材、一支环保志愿教师队伍”的宗旨，推广自然教育成为华侨城湿地的又一重任。孟祥伟与管理团队开始共同探索这条全新的道路。

重回教育工作让孟祥伟感到兴奋而新鲜。面对这熟悉又不同范畴的工作，一系列的思考涌进脑中：如何向公众介绍湿地、又该向他们教授什么样的内容、教育的本质又如何体现在自然教育之中……孟祥伟通常会走进园区，在自然中求解。

“我当时很幸运，在园区里碰到了一位非常热情的志愿者。他为我仔细介绍了园区里这些年的各种变化。他对湿地的这份情感，深深地触动了我。”孟祥伟回忆道。

这位自然名“木榄”的志愿者（本名郭文贺），已经在华侨城湿地开展志愿服务8年了，是服务时间最长的志愿者之一。像这样长期服务于华侨城湿地的志愿者还有很多，湿地也一直营造“家”的氛围反哺这份志愿者精神，无私的付出和充沛的热情给予了孟祥伟和她的团队前进的助推力。

2015年，华侨城湿地正式提出了“零废弃”和“无痕湿地”的管理理念。在这里，每一个生命都有它独特的价值，包括一些被清理掉的外来入侵物种，同样可以作为珍贵的“教具”在园区实现“下岗再就业”。比如，一棵被清理的、胸径66厘米的巨大银合欢，也“重获新生”地成为一节湿地生态课的“主角”。

2018年，台风“山竹”过境深圳，狂风骤雨吹倒了园区内近1000棵树，包括一棵生长了30年左右的木麻黄。经过商议，这棵倒下的木麻黄保留了下来。“在大自然的生态循环里是没有‘废弃’这个概念的。这些木麻黄虽然因为台风迎来了生命的终结，但倒下的躯干又成为微生物和小昆虫的家园。”孟祥伟解释道。

“小动物大侦探”课程

如果将深圳湾的滨海湿地看作是一个大的生态圈，华侨城湿地还利用类似木麻黄这样的自然元素营造了许多“小生态圈”——微栖地。通过这些精妙的设计，管理团队希望湿地教育的元素渗透在园区的各个角落，实现“润物细无声”环境育人的朴素教育观。“我们希望自然展现的不只是美，还有这些不太为人见的部分。”

这个想法也许就是，华侨城湿地2019年起基于“保护是基础，教育是灵魂”的理念，在园区内推行“全园教育”的雏形。

做自然教育的引路人，唤醒孩子们对自然的热忱

以湿地为“课本”，通过自然教育引导孩子建立与自然的联结，将“自然的智慧”融会贯通到日常的生活里。管理团队这样的初心，要以不断地积极探索更有针对性的、系统的教学方式作为基础。

于是，华侨城湿地在每周设置了专门的团体预约日，便于学校老师带领学生们进行课外实践。同时，园区也在主动寻求与学校的合作，为

学生们提供贴近校园生活的自然课程。

2015年，华侨城湿地与邻近园区的一所小学合作，派出工作人员兼任学校的科学课老师，每周到学校为孩子们上课。这次尝试性的合作吸引了当时深圳市福田区教育研究中心的目光。双方经商讨一致决定利用学校的教师资源、华侨城湿地的专业背景和生态理念，将课上使用过的课程编写成册，出版一本专门为学生们编写的本土自然教育教材。这本教材就是《我的家在红树林》。

与此同时，华侨城湿地自然学校培育的环保志愿教师队伍逐步成长，与自然学校团队共同研发湿地自主课程。针对不同的季节、不同年龄段的孩子推出了红树课程、小鸟课堂等多元主题课程，搭建起多达36个系列、162种教案的课程体系。孩子们可以根据自己的兴趣点在线上预约不同的课程。相较于面向校园的书本教材，华侨城湿地的自主课程更加注重定制化的体验和互动。

目前，华侨城湿地自然学校已经累计开展教育活动近万场次，直接参与的公众累计近百万人。这些课程不以传授知识为目标，而是希望孩子们在与大自然的接触中夯实品格，培养出对于自然的敬畏和对生命的尊重。管理团队始终相信，只有心底里深受触动所萌发出的情感，才能培养出发自内心的热爱与守护。

做自然的代言人，为湿地发声

孟祥伟在湿地最喜欢做的一件事就是巡园。往往此时，她会将自己“置身事外”，从东滩到芦苇栈道，再到红树林小径，从公园的管理者重新做回一名“访客”。“我会从访客的视角出发，体会访客的诉求和需求。”孟祥伟说，“访客来到这里希望收获什么？需要什么？”对于管理团队来说，这种心理上的身份互换，是提升管理效能的有效方式。循着这样的方法，华侨城湿地不仅与志愿者共同开展人员带领的教育活动，还结合互联网搭建了线上线下的解说系统，让访客自由地探索湿地，体验园区“全园教育”的点点滴滴。

2022年虽然已是孟祥伟来到华侨城湿地工作的第八个年头，但对于湿地和自然的习性，她却认为自己还有许多不知道的事情；对于园区的管理、自然学校的运营，还有太多可以去尝试、实践的事情。常看常新，这也是孟祥伟对于湿地保护这份工作的深切体会。

“2022年是中国加入《湿地公约》30周年，也正好是我来到深圳的第30年。”她说，“或许我和湿地的缘分也是早就注定好了的。”在这里，孟祥伟不仅遇到了许多志同道合的伙伴，湿地的滋养也给予了她更多的领悟和“永不止步”的力量。

孟祥伟感谢2014年初那个“意外”“被安排”的工作，现在她最大的心愿，就是通过华侨城湿地自然学校，把“爱护湿地，尊重自然”的种子播撒进更多人的心里，共创人与自然和谐共生的绿色生活。

撰稿者：陈思

本文照片由受访者提供

“植物趣多多”课程

以毕生所学，为滨海湿地人与自然的和谐共生而奋斗

——雷光春

MCF
红树林
基金会
我和湿地的故事
候鸟迁徙路上的护航员，引领中国
走在世界湿地研究、保护与管理前列
雷光春
北京林业大学生态与自然保护学院教授
《湿地公约》技术委员会主席

2019年7月，第43届联合国教科文组织世界遗产委员会会议(世界遗产大会)在阿塞拜疆巴库举行。7月5日，当会议审议通过将地处江苏盐城的中国黄(渤)海候鸟栖息地(第一期)列入世界自然遗产名录的消息传回祖国时，无数人为此次申遗成功而做出的努力，在这一刻，成为历史的永恒。至此，我国拥有了第一个滨海湿地类型的世界自然遗产。

滨海湿地属于湿地生态系统中的一个类型。作为全球三大生态系统之一，湿地相较于森林、海洋为世人了解和关注的程度不高。然而，

黄（渤）海湿地，却因其处于东亚—澳大利西亚候鸟迁飞区（East Asian-Australasian Flyway，以下简称"EAAF"或"迁飞区"）地理位置的中点，而成为全球鸟类研究和保护者所关注的生物多样性关键区域。

"黄（渤）海候鸟栖息地具有不可替代的生态价值。"中国黄（渤）海候鸟栖息地申遗首席专家雷光春教授说，"这次申报成功，是首次以候鸟迁徙路线的关键栖息地作为系列申报的成功，特别强调了生态系统的完整性和全球关联性。"

雷光春，我国及国际湿地保护领域的湿地科学与保护专家，曾获湿地科学领域的全球最高奖项卢克·霍夫曼（Luc Hoffmann）湿地科学与保护奖，现任北京林业大学生态与自然保护学院教授、博士生导师，国际湿地公约科技委员会主席，国家林业和草原局湿地专业委员会副理事长兼秘书长，世界遗产专家委员会委员，北京林业大学东亚—澳大利西亚候鸟迁徙研究中心主任（以下简称"研究中心"），红树林基金会（MCF）理事长等多项职务。从1998年起，雷光春一直专注于长江湿地保护工作，在长江湿地保护、滨海湿地保护、湿地保护与气候变化战略等国家重大湿地保护战略与决策中，发挥了重要的智囊作用。与此同时，雷光春带领国内外不同团队，支持全球湿地保护工作更为有效地开展、推动全球湿地保护与技术向保护与合理利用方向迈进，将人与自然和谐共生的理念推向全世界。

最近这十多年，随着黄（渤）海世界自然遗产申报工作的推进，雷光春与"黄（渤）海湿地保护"和"条子泥"这两个名词，紧紧地联系在了一起。

湿地保护外交官：内外斡旋，探索世界自然遗产与自然保护地协同保护模式

黄（渤）海湿地，受黄河、长江两条河流及其流域内的数十条支流数百万年来持续的巨量泥沙和营养物质堆积的影响，形成了全球最大的潮间带滩涂湿地——种子、块茎或是浮游动物、底栖动物或是鱼类，支持着迁飞区每年超过300万只、多达36种的鸻鹬类迁徙水鸟在此停歇、换羽、越冬或繁殖。

勺嘴鹬（*Calidris pygmaea*），是一种体长一般仅在14~16厘米的小型涉禽，每年5月至7月在俄罗斯远东的楚科奇半岛上及堪察加半岛的苔原区繁殖。秋天来临，沿EAAF太平洋西岸迁徙途经俄罗斯、日本、韩国及我国等国家，最后到达东南亚地区越冬。据调查，20世纪70年代，勺嘴鹬仍有2000~2800个繁殖对，2000年数目下降至1000对，而目前全球仅有200对左右。勺嘴鹬个体数目的急剧减少，目前认为最主要的原因是迁徙途中关键栖息地的滩涂围垦造成的栖息地丧失以及全球气候变暖导致的繁殖地的变化。东台条子泥，中国黄（渤）海候鸟栖息地（第一期）遗产地的核心地带，是勺嘴鹬已知的、最重要的迁徙停歇地和换羽地。

2010年，在东亚—澳大利西亚迁飞区伙伴关系协定第五次会议期间（即East Asian-Australasian Flyway Partnership，以下简称“EAAFP”），雷光春与时任英国皇家鸟类保护协会首席政策官的尼古拉 · 克罗克夫德（Nicola Crockford）和勺嘴鹬工作组主席叶甫根尼 · 司罗科夫斯基（Evgeny Syroechkovsky）等人在会后聊天时，谈及几百万迁飞候鸟的命运是否将因条子泥即将开展的百万亩围垦工程而改写。雷光春对将由此引发的一系列的生态影响而忧心忡忡，一旦这里的生态环境被破坏，将严重威胁到依赖滩涂湿地的水鸟乃至整个迁飞区，特别是鸻鹬类水鸟的生死存亡。

根据《江苏沿海滩涂围垦及开发利用规划纲要》，2010—2020年江苏省东台将匡围滩涂100万亩用于增加农业用地、补充在产业开发中损失的耕地。最让雷光春感到棘手的是，条子泥由于围垦建设的需要已调出原保护区范围，无法按照保护地的管理规定对其进行保护管理与修复，而重新将条子泥纳入保护地进行管理，又有诸多制度的壁垒和限制。

关注候鸟保护的三个人，都有着多年的国际保护经验和视野，开始探讨能否将包含条子泥在内的中国黄（渤）海候鸟栖息地作为世界自然遗产地的方式将其重新纳入保护管理的序列。

这个想法，似一道曙光，带来了新的希望。

2012年11月，党的十八大把生态文明建设纳入中国特色社会主义事业“五位一体”总体布局，首次把“美丽中国”作为生态文明建设的宏伟目标。我国的生态环境保护发生了历史性、转折性和全局性的变化，也为条子泥和百万候鸟的命运带来了转折。“山水林田湖草是一个生命共同体”，就是要按照自然生态的整体性、系统性及其内在规律性进行系统保护、宏观管控、综合治理，增强生态系统循环能力，维护生态平衡。在这一理念的指引下，2013年，江苏省率先编制滨海湿地修复规划，推进将条子泥等4个服务于地方生态建设，但不具备条件或不宜大面积划建自然保护区、湿地公园的湿地区域建成湿地保护小区，纳入全省湿地保护体系。

2016年，盐城市正式启动申遗申报工作。同年，雷光春被盐城市政府聘为申遗首席支持专家。对内，他在2018年建立研究中心，加强对迁飞区水鸟尤其是黄（渤）海区域湿地和候鸟的研究，带领团队论证和认定提名地具备世界自然遗产地所要求的突出价值和独立的完整性。对外，两次以通过世界自然保护联盟（IUCN）世界保护大会决议的方式加强黄渤海湿地保护，维护生物多样性及区域生态安全，推动建立由我国政府代表、韩国和朝鲜以及国际组织和非政府组织参加的IUCN黄海工

2019 年 7 月 5 日，世界遗产大会审议通过中国黄（渤）海候鸟栖息地（第一期）申请

作组和黄(渤)海候鸟栖息地申遗区域保护地联盟，促进黄海生态区利益相关方的沟通以及候鸟迁徙区域的划定及国际协调工作……这些工作极大地推动了整个申遗进程。

“在正式成为世界自然遗产前，提名地将按照要求编制保护管理规划。”雷光春欣慰地说，“这既是基于对提名地的突出普遍价值，识别价值威胁因素并提出系统的改进对策，也是世界遗产缔约国向国际社会作出的保护承诺。提名地将被严格限制开发，我们将用‘世界遗产’级的保护规格守护黄(渤)海候鸟栖息地。”

目前，在我国的14处世界自然遗产地涵盖了国家公园(包括试点)、自然保护区、风景名胜区以及保护小区等各级各类上百个自然保护地。在世界自然遗产和自然保护地协同保护、融合管理的全球趋势下，我国依托正在构建的以国家公园为主体的自然保护地体系的建设，对世界自然遗产的保护提供有力的制度支撑；而世界自然遗产保护的国际化标准，也将进一步提升我国自然保护地的管理水平。

湿地保护技术官：技术支持，引领中国走在世界湿地研究、保护与管理前列

《湿地公约》，又称《拉姆萨尔（Ramsar）公约》，于1971年在伊朗小镇拉姆萨尔签署，是全球第一个政府间多边环境公约，也是唯一以一种生态系统类型为对象的公约。

我国于1992年加入《湿地公约》，在加入《湿地公约》的30年间，我国的湿地保护发生了翻天覆地的变化，历经了摸清家底和夯实基础（1992—2003）、抢救性保护（2004—2015）、全面保护（2016—2021）三个阶段。

2020年，雷光春当选《湿地公约》委员会科技委员会主席——负责对《湿地公约》各缔约国提供科技支持。这是中国的专家委员首次担任主席角色，是国际社会对中国在全球湿地保护管理领域科技水平的进一步认可，是我国对外履约不断深化，深度参与公约事务和规则制定的标志性事件。

其实，早在2003年，雷光春就以《湿地公约》秘书处亚太事务高级顾问的身份参与我国的对外履约事务，之后长期担任中国湿地技术委员会副理事长和秘书长一职，是我国为数不多的湿地保护与管理领域、具有国际和国内影响力的专家学者，以参与者、推动者和见证人的身份，亲历了我国湿地保护事业的飞跃发展。

2014—2015年，雷光春作为首席科学家，主持了中国沿海湿地保护管理战略研究项目（以下简称“蓝图项目”），该项目从政策和实践两个层面推动加强中国滨海湿地的保护与管理，为保障沿海地区的生态安全和可持续发展提供科学支撑。条子泥就是该项目通过对大量水鸟分布和种群数据以及我国保护体系的综合分析而筛选出的尚未得到保护的11块重要滨海湿地排名首位的地区。

在候鸟迁徙的季节，海水退潮时，跨越重洋而来的水鸟在一望无

际的滩涂上觅食，是条子泥最常见的场景。这些不会或不擅长游泳的水鸟，在海潮上涨之时，需要在安全适合的栖息地进行休憩。

被业内人士形象地称为“720”高地的地方，原本是一个用于养殖的鱼塘。“720”是指它的面积有720亩，“高”则是当海水上涨，它可以作为鸟类的高潮位栖息地。“这片鱼塘是距离鸻鹬类水鸟觅食地最近的区域。”作为“720”高地改造规划技术核心的雷光春说，“我们要通过微地形改造、水位调控、湿地生态修复等一系列科学措施，打造能够满足多种候鸟习性的栖息环境。”

按照雷光春团队的科学指导，“720”高地内需要保持1/3光滩和浅水区、1/3深水区和1/3低植被区；人工控制水位以保证不同水位面积相对的稳定；控制杂草高度保持光滩，满足鸻鹬类、鹭类、鸥类、鸭类等不同候鸟栖息。经过一年多的努力，在“720”上停留的鸟类越来越多，2021年10月，团队人员观察统计到78000只水鸟，特别是勺嘴鹬、小青脚鹬等珍稀水鸟在此频频被发现，其中，小青脚鹬统计数量超过全球估计的总数。2021年，据监测团队对调查结果的统计，条子泥鸟类名录新增22个种类，达到410种，其中，有国家一级重点保护野生动物21种，国家二级重点保护野生动物71种，逐步摸清了条子泥的家底。在全球自然湿地丧失和退化不断加剧的背景下，条子泥的候鸟种群数量不降反升，这充分说明了高潮位栖息地设立的必要以及湿地修复和管理的成功。

这一“基于自然解决方案（NbS）”入选了2021年《生物多样性公约》缔约方大会第十五次会议（CBD COP15）“生物多样性100+全球特别推荐案例”。雷光春说：“高潮位栖息地是全球候鸟保护的最关键节点。盐城‘条子泥720’是国内设立的首个固定高潮位候鸟栖息地，真正按照鸟类栖息需求设立，是一种提高湿地生态系统服务的有效手段，对多地区的湿地保护工作开展具有参考借鉴价值。”

为了更进一步推进“720”高地的保护工作，在雷光春的指导和带领下，研究中心、红树林基金会（MCF）和江苏东台沿海经济区等多个机构和组织共同制定了《720亩高潮位候鸟栖息地管理实施细则》，将湿地保护管理技术细化到日常管护和监测等工作之中，为候鸟家园的长期稳定发展提供了技术和制度上的保障。

除了“720”高地外，在雷光春及其团队的科学指导下，条子泥当地的管理部门还对自然形成的3000亩黑嘴鸥繁殖地和1万亩雁鸭类候鸟栖息地加强了保护：重点修复滨海湿地演变的潮汐/潮沟；开展互花米草生态控制的科学研究和试验，并尝试利用野放麋鹿局部控制互花米草；在科学评估的基础上，制订缓冲区水产养殖水域生态改造修复方案，营造有利于鸟类栖息的生态养殖环境；对可能面临的生物灾害、气象灾害、地质灾害、火灾等，建立监测与防治体系、生态治理、制订应急预案等对应的灾害风险管理措施。“在条子泥当地所开展的一系列湿地生态修复工作，体现了当地政府观念的转变，是我国生态文明理念具体落实的一个缩影。”雷光春说，“这些工作成就与经验，势将成为全球环境治理不可缺少的一页。”

条子泥工作站工作人员正在做底栖调查

湿地保护组织官：不遗余力，集结滨海湿地保护的多层次力量

从事湿地和候鸟保护多年的雷光春深知，候鸟迁徙的地理空间尺度大，仅就EAAF而言，迁徙候鸟每年要往返于北半球的阿拉斯加、西伯利亚及东亚地区、东南亚，直到南半球的澳大利亚和新西兰之间的辽阔地域。候鸟保护涉及的学科类型多，需要生态学、动物学、湿地科学，还有诸如海洋、气候变化等多个专业领域的支持。因此，在候鸟保护上，不仅需要各国政府间的通力合作，如加入《湿地公约》成为缔约国，以履行相关的保护责任与义务，同时，也需要来自科研机构、民间组织等多层次保护力量的支持，围绕国家或国际间战略性的规划布局进行补充。

2006年，在《湿地公约》工作的雷光春等代表的共同提议下，东亚—澳大利西亚迁飞区伙伴关系协定（East Asian-Australasian Flyway Partnership ，以下简称“EAAFP”）正式成立。这是一个候鸟迁飞区层面的、非正式的、自愿性的多边合作框架。至今，EAAFP已包含39个合作伙伴，促进了迁飞区众多利益相关方之间的对话、合作和协作。2015年，EAAFP黄海工作组的建立，使黄（渤）海地区湿地及迁徙鸟类的保护

东亚—澳大利西亚候鸟迁徙研究中心在条子泥开展研究工作

工作吸引了更多国际层面的关注、了解和支持。

2018年，雷光春开始担任红树林基金会（MCF）理事长——全国首家由民间发起的致力于湿地及其生物多样性保护的环保公募基金会，将更多民间力量引入湿地保护的行列中。在雷光春的支持下，红树林基金会（MCF）开展了一系列针对以勺嘴鹬为代表的滨海湿地濒危物种的湿地保护工作，希望以社会化参与的方式，以科学研究为基础，实现滨海湿地候鸟关键栖息地的保护。2019年，红树林基金会（MCF）、北京林业大学东亚—澳大利西亚候鸟迁徙研究中心、盐城市黄海湿地申报世界自然遗产工作领导小组办公室、江苏盐城国家级珍禽自然保护区等34家机构，联合发起成立了勺嘴鹬保护联盟，在科研与监测上为勺嘴鹬及栖息地保护和修复提供科学依据，通过互花米草治理、建立条子泥保护工作站等方式提升关键栖息地的生境质量，还以“勺华”计划为勺嘴鹬保护社群提供资助，以鼓励更多社会组织、志愿者团队及个人鸟类保护工作者能够积极参与鸟类保护，填补监测和保护的空缺。“勺嘴鹬保护联盟，旨在推动东亚—澳大利西亚迁飞区所在各个国家的湿地主管部门、湿地自然保护区、湿地公园、观鸟会和所有关注勺嘴鹬保护的当地政府和民间保护组织、企业、环保爱心人士开展广泛的交流与国际合作。”雷光春说，“只有联合更多的力量，才能为更多迁徙候鸟提供安全的迁飞之路。”

2022年，又是一个秋风初起的八月，在条子泥一眼望不到边的滩涂之上，迎来了第一只途经此地的勺嘴鹬。根据我国政府的承诺，位于辽宁、河北、山东、上海等四个省（直辖市）的十一处滨海湿地也开始了中国黄（渤）海候鸟栖息地（第二期）世界自然遗产申报工作。

那只勺嘴鹬拍打着翅膀，不停地用它特别的、形似小勺子的嘴巴在泥滩上觅食。它与遍布在它身边的、同样活跃的生灵，就是这片潮间带湿地生生不息的生命长河的象征。

撰稿者：贯亦飞、核桃

本文照片由研究中心提供

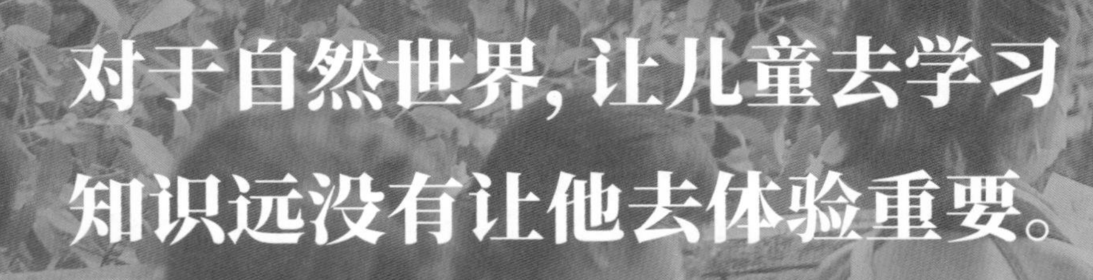
对于自然世界，让儿童去学习
知识远没有让他去体验重要。
蕾切尔·卡森

第四章

联结保护地与学校的湿地教育中国案例

2022“爱鸟周”全国湿地自然笔记接力活动

野鸭湖湿地（许林 摄 / 北京市延庆区自然保护地管理处 供图）

中小学生以班级形式参与湿地教育课程

本章以2022“爱鸟周”全国湿地自然笔记接力活动为例，呼应《湿地公约》“CEPA”计划中以传播交流等方式提升公众对湿地保护和合理利用认识的倡议，展现了在动员公众参与湿地保护宣传活动中的中国特色，并从多个角度对该活动进行了解读。本章最后为本次活动全国获奖作品，特别附上了获奖作者感言和专家点评，以期通过这样的方式，激励中小学生长期开展自然观察活动，提升全民生态素养。

黑脸琵鹭对话黑翅长脚鹬（贡米 摄）

活动概况

我国于1992年加入《湿地公约》,成为其缔约方之一。30年来,我国建成与湿地相关的各级保护区有600多个,各地方政府建立的湿地保护小区及各类湿地公园有近千个。这些场所既是重要的湿地保护区域,也是进行系统湿地教育的最佳场所。我国湿地保护工作的逐步推进,需要湿地教育发展的强力支持。2022年6月1日,《中华人民共和国湿地保护法》正式实施。湿地保护事业迎来了新的发展契机,同时,湿地教育和公众宣传也正式以法律形式规定为湿地类型保护地重要的工作内容。

2022年11月,《湿地公约》第十四届缔约方大会将在我国武汉召开。早在2003年,《湿地公约》就启动了"CEPA"(Communication, Capacity building, Education, Participation and Awareness,即交流、能力建设、教育、参与和意识提升)计划,并在2016年制定了新的工作计划。"CEPA"计划的这些核心内容被应用到湿地教育工作的各个层面,以支持《湿地公约》中"湿地得以受到保护、合理利用及修复,其重要作用能够得到所有人的承认及重视"的湿地保护目标。

红树林基金会(MCF)自2020年就开始尝试组织自然笔记活动,以推动湿地类型自然保护地和学校的联动,吸引更多青少年走近湿地,搭建湿地类型自然保护地与学校之间的桥梁。我们希望利用湿地类型自然保护地丰富的湿地资源和湿地工作者专业的知识,积极与学校开展合作,让参与活动的学校能够有机会进入湿地、了解湿地;同时也鼓励学校开展基于湿地的教育和宣传活动。

我们发现,自然笔记活动强调创作者在自然中亲身参与、体验与感受,与湿地类型自然保护地开展的自然教育宗旨非常吻合。同时,随着近年来自然笔记相关书籍和活动的推广，自然笔记成为学校师生喜闻乐见的自然体验学习方式。

2022“爱鸟周”全国湿地自然笔记接力活动（以下简称“自然笔记接力活动”），是在国家林业和草原局湿地管理司的指导下，中国野生动物保护协会与红树林基金会（MCF）合作，借助“爱鸟周”这一全国公众知晓程度最高的野生动物保护节日，共同开展的湿地公众宣传教育活动。这个活动所体现的，更多是以“CEPA”计划中通过传播类活动借助环保节日（爱鸟周）的影响力，提升公众，特别是中小学生的湿地保护意识。

这次自然笔记接力活动主要有以下创新点：

① 主题突出、呼应热点、公众宣传效果好。将“湿地”与“鸟类”关联，作为主题，既能加强“爱鸟周”的品牌优势，吸引公众关注，又能契合湿地保护。

② 积极利用移动互联的技术平台，开展线上宣传和推广。因近年疫情影响，线下活动和交流受阻，线上传播的优势更为突出。本次活动运用微网站[1]、网络平台等方式作为培训和投稿的技术支持，顺利完成了活动报名、培训、投稿、审稿等环节。活动网站已成为全国中小学校持续学习鸟类、自然笔记内容的平台，推动活动长期、深入地在全国开展。

③ 鼓励社会多元参与。在推动湿地类型自然保护地行动的同时，积极邀请当地学校与教育主管部门参与，鼓励本地社会组织（如各地鸟会、自然教育机构等）等提供专业、公益支持，凝聚更多湿地保护力量。

④ 设计了完整、可行、适应多场景的活动流程。包括活动前期的教师培训，引导教师、宣教人员树立正确的生态观，了解基本的自然笔记和观鸟技能，为活动引导人员提供基础的知识准备。

⑤ 分赛区进行，实现全国联动。我国幅员辽阔，候鸟迁徙、活动时间和发展水平等都存在较大地区差距。本次活动考虑到南北差异，设立了南部、中部、北部三个赛区及时段，从3月延续到6月，可以吸引更多地

[1] 微网站指湿地教育中心行动计划网站（网址：http://cwc.mcf.org.cn/）。

区的师生根据本地情况进行参与。

⑥ 在统一设计活动的基础上，为参与方提供多种支持，可实践性强。这种方式为处于不均衡的湿地教育发展阶段的湿地类型自然保护地提供了与学校开展不同层次合作的思路。

2022“爱鸟周”全国湿地自然笔记接力活动，共有湿地类型自然保护地及相关管理部门25家、各类社会组织43家一起进行活动推广。在2022年活动开展期间，各参与方共在线上线下举办了18场面向不同地域和教师群体的培训活动。全国有18个省（直辖市、自治区）2679份作品成功投稿。活动期间，数以万计的中小学生走进湿地观鸟，了解湿地的动植物，不同程度地提升了湿地保护意识、增强湿地保护理念。

最终脱颖而出的50幅作品，体现了本次自然笔记接力活动所倡导的真实性、科学性和艺术性的原则。从获奖作品中，能够感受到我国多样的湿地、湿地之上灵动的动植物，以及青少年创作者在作品中所表达的、对自然浓浓的爱、对家乡深切的自豪感和对湿地保护事业的支持。

湿地教育的成功，是湿地保护成功的必要条件之一。湿地教育，正是通过一系列丰富的活动，引导公众正确地认识湿地、培养公众的保护意识、发展湿地友好行为、形成人与湿地友好关系的正确价值观。我们希望以今年《湿地公约》大会在我国武汉召开为契机，开创我国湿地教育发展的新篇章，谱写更多湿地教育的中国案例。

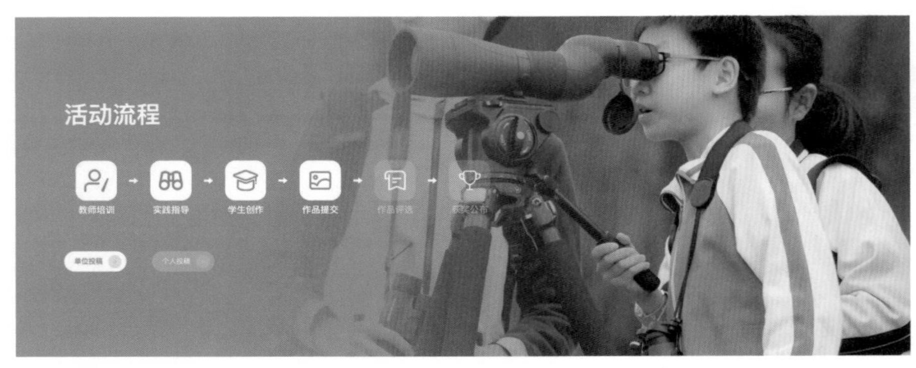

活动强调教师对学生的指导，设置了专门的培训环节

学生团队正在进行自然观察

多维解读

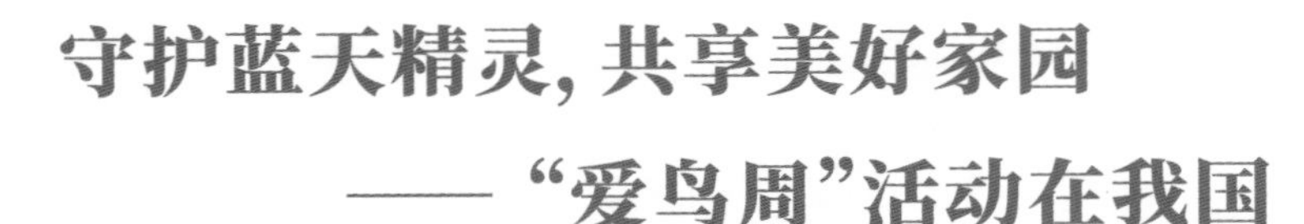

守护蓝天精灵，共享美好家园
——“爱鸟周”活动在我国

到2022年3月，全国“爱鸟周”宣传活动已走过了41个年头，从开始的名不见经传，到成为目前全国覆盖面最广（从南到北顺次开展），历经时间最长（每年从3月开始到5月结束；已开展41年）、公众知晓度最高（参与公众类型多）以及影响力最大（参与人数多）的野生动物保护节日。

最初设立爱鸟周，源于1981年3月，我国与日本政府两国间为保护迁徙候鸟而签订的《保护候鸟及其栖息环境协定》。同年9月14日，林业部（现国家林业和草原局）等8个部门向国务院提出了《关于加强鸟类保护执行中日候鸟保护协定的请示》中“建议在每年的四月至五月初(具体时间由省、市、自治区规定)确定一个星期为‘爱鸟周’，在爱鸟周中开展各种宣传教育和保护鸟类的活动”。9月25日，国务院批转了该请示的通知，“要求有关部门认真落实请示中提出的保护鸟类的具体措施，研究和解决存在的问题，进一步把鸟类的保护管理、宣传教育和环志等工作做好，为国家和人类做出贡献”。

1992年，《中华人民共和国陆生野生动物保护实施条例》颁布实施，“爱鸟周”活动以法规的形式正式确定：其第二章第六条明确规定“县级以上地方各级人民政府应当开展保护野生动物的宣传教育，可以确定适当时间为保护野生动物宣传月、爱鸟周等，提高公民保护野生动物的意识”。这一法规的实施让“爱鸟周”在全国推广有法可依。随后，全国各省（自治区、直辖市）都确定了本地区爱鸟周的时间，并积极组织开展“爱鸟周”系列活动。

全国开展“爱鸟周”活动41年来，在党和政府的领导下及社会各界的支持下，全国“爱鸟周”活动形式不断创新、内容不断丰富、参与人数不断增加、社会效果越来越好。通过“爱鸟周”科普宣传活动，普及了鸟类知识、增强了护鸟意识、壮大了护鸟力量、推动了护鸟工作，越来越多的公众参与到鸟类保护当中，成为生态文明建设和野生动植物保护的重要力量。“爱鸟周”这个与自然、与生命结缘的活动，作为人们为生命喝彩的节日，已经成为保护野生动物的知名品牌活动在全国广泛开展，成为人们亲近自然、了解自然、促进人与自然和谐不可缺少的生态文化活动。

2022年，中国野生动物保护协会与红树林基金会（MCF）联合举办了“2022‘爱鸟周’全国湿地自然笔记接力活动”，将“爱鸟周”与湿地主题相联系，将参与对象从泛公众聚焦于中小学生，呼应《湿地公约》大会11月在我国武汉召开的时代背景，并将公众的目光汇集“在湿地”“为鸟类”，特别是突出湿地为迁徙候鸟所提供的、不可替代的栖息、繁殖、越冬地的作用。伴随候鸟北飞的讯息，借“爱鸟周”从祖国南方至北方依序开展的进程，众多的保护地、学校和社会各界爱鸟护鸟的力量集结在一起，在同学们的笔下，鸟儿与湿地展现了无比美好的生命场景。这场景让我们对它们与人类共同的明天充满了希望。

保护野生动物是生态文明建设的重要内容，更是加强自然生态系统保护，建设美丽中国的必然要求。做好野生动物保护工作，仅仅依靠各级政府和主管部门的力量是远远不够的，还必须依靠广大人民群众的大力支持，特别是对青少年保护意识的培养。我们真诚地希望广泛的公众参与，使保护鸟类成为人们的自觉行动，使鸟类自由地翱翔在天空，为我国的生态文明建设增加最靓丽的色彩。

范梦圆
中国野生动物保护协会项目官员

各地爱鸟周时间

地区	爱鸟周时间	地区	爱鸟周时间
北　京	4月的第三周	湖　北	4月1日至7日
天　津	4月12日至18日	湖　南	4月1日至7日
河　北	5月1日至7日	广　东	3月20日至26日
山　西	4月1日至7日	广　西	3月20日至26日
内蒙古	5月1日至7日	海　南	3月20日至26日
辽　宁	4月22日至28日	重　庆	4月1日至7日
吉　林	4月22日至28日	四　川	4月2日至8日
黑龙江	4月24日至30日	云　南	4月1日至7日
上　海	4月1日至7日	贵　州	3月最后一周
江　苏	4月20日至26日	西　藏	4月8日至14日
浙　江	4月10日至16日	陕　西	4月11日至17日
安　徽	4月4日至10日	甘　肃	4月24日至30日
福　建	3月25日至31日	青　海	5月1日至7日
江　西	4月1日至7日	宁　夏	4月1日至7日
山　东	4月1日至7日	新　疆	5月6日所在的一周
河　南	4月2日至27日		

2000年以来全国“爱鸟周”活动主题

2000年——让我们拥有鸟语花香的新世纪
2001年——爱护鸟类资源 再造秀美山川
2002年——关注鸟类，珍爱自然，建设绿色家园
2003年——关爱生灵 保护鸟类
2004年——关注候鸟 保护鸟类
2005年——鸟·人·自然和谐发展
2006年——关注鸟类、关注人类、预防禽流感
2007年——和谐社会 共享自然
2008年——繁荣生态文化 建设生态文明
2009年——关注鸟类 保护自然
2010年——科学爱鸟护鸟 维护生物多样性
2011年——科学爱鸟护鸟 弘扬生态文明
2012年——爱鸟护鸟观鸟 共享自然之美
2013年——美丽中国 让鸟儿自由飞翔
2014年——保护野生动植物 建设鸟语花香的美丽中国
2015年——关注候鸟保护 守护绿色家园
2016年——依法保护鸟类 建设美丽中国
2017年——依法保护候鸟 守护绿色家园
2018年——保护鸟类资源 守护绿水青山
2019年——关注候鸟保护 维护生命共同体
2020年——爱鸟新时代 共建好生态
2021年——爱鸟护鸟 万物和谐
2022年——守护蓝天精灵 共享美好家园

自然笔记：带你看懂自然的美

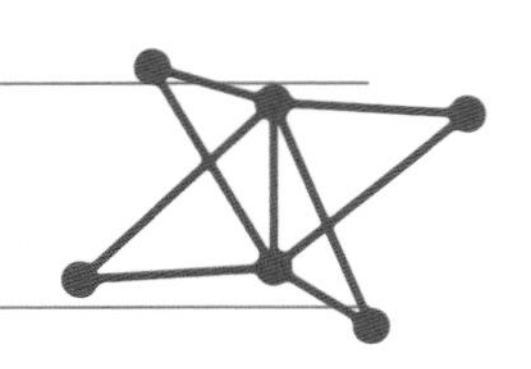

自然笔记是一项有益身心的实践活动，是让自己与自然重建联系的实践方式，也是生物多样性探究活动的一种参与方式。同时，自然笔记还被视为一项学习活动，但它又不同于其他学习的压力与枯燥，其学习和实践过程充满了乐趣，浅尝几次就能让人为之着迷。我自己实践博物绘画有将近十年的时间，时间越久就越沉醉其中，尤其对自然笔记，我有三个心得体会：一是经常沉浸于自然中，捕捉随时乍现的灵感，进行即兴记录自然笔记；二是经常欣赏世界各地自然画家的传世名作，揣摩大师技法，尝试应用于自己的绘画；三是向孩子们学习，把他们带进自然，引导其用最纯的视角去看、用最真的心去感受、用最自由的笔去创作。孩子们的每一幅作品，都有出乎意料的亮点，值得我去欣赏和学习。

2022“爱鸟周”全国湿地自然笔记接力活动，在全国范围内一共征集到了2679份作品，经过各分赛区层层筛选和全国总评，共计50份优秀作品脱颖而出，分获一二三等奖。作为本次活动的顾问及评委，我明显感觉到今年作品的普遍水平较之往年又有了质的提升，不仅体现在整体创意和科学严谨方面，还体现在记录内容的丰富程度方面，以及作者对自己亲自观察实践的个性表达。这些可喜的变化，归功于孩子们及其指导教师的共同努力，也与主办方事先开展了以自然笔记和观鸟知识为主题的多场次培训不无关系。无论是对自然笔记的概念理解，还是对观察对象湿地和鸟儿的观察都更有的放矢，结果就表现为同学们的创作实践水平有了较为明显的提升。对于大自然，同学们从过去电视上、书中、远方的自然，到能认识到大自然就蕴藏在我们每个人身边的小区内、校园中、马路边……，只要愿意，就可以随时随地进行细致的探究记录。

从创作实践上来说，此次活动有很多湿地公园和湿地自然保护区积极参与，为经过培训的教师组织学生，到湿地自然资源更为丰富的地方开展活动提供了便利。教师也利用培训所学，引导学生进行主题式自然观察和创作。

创作自然笔记，绝对不能闭门造车，必须要走出家门，沉浸于自然之中，通过对一个又一个具体自然物的关注，逐渐积累，从而对身边有灵且美的自然万物建立敏感度，在自然观察记录的过程中，探究其内在的联系。

在我们欣赏自然之美、探究自然之奥秘的时候，绘画不仅有助于排除干扰因素、突出表达重点，更重要的是，绘画能使观察变得无比细致。相较于传统写生，自然笔记要求图文并存。文字的存在，将使创作者对

四川绵阳北川羌族自治县安昌小学张又琳，在学校附近的安昌河观鸟创作《可爱的水鸟》（三等奖）

江苏如东县丰利镇石屏小学桑刘玥，在学校附近一处小苇塘创作《快乐的一家人—遇上黑水鸡》（二等奖）

创作对象除通过五感体现优美的鸣叫声（听觉）、捕食精彩瞬间（视觉）等带来的愉悦外，还增加了对创作对象更深层次的思考。感知和思考的形成有赖于用心的自然观察。无观察不记录。自然观察通过亲身实践体验，观察表象、感受本质。观察到的越多，对自然的理解就越深刻。

具体应该观察什么？由“问题”来驱动。面对自然物，能够好奇地提出几个问题，是观察的第一步。譬如，看到一只白鹭在浅水中踱步，然后立刻提出几个问题：是大白鹭还是小白鹭？是雌是雄？在散步还是在捕食？周围有同伴吗？家在哪里？这里的环境有什么特点？它生活得舒服吗？……有了问题，观察就会有的放矢，依据问题展开细致的观察，择其重点进行绘画记录。看看同学们的作品吧：聚集在树上的夜鹭向水中投入了小果子，如果没有一定时间屏气凝神的仔细观察，你可能不会想到，那果子竟是它们捕鱼的诱饵（一等奖作品《有趣的夜鹭》）；红隼吃完老鼠后擦擦嘴巴是因为爱干净、讲卫生，还是有别的原因呢，你会因此而对红隼充满好奇，花更多的时间去了解它吗（一等奖作品《黄河湿地观鸟记》）；被游隼袭击而受伤的黑翅长脚鹬激起的同情悲悯，以及物竞天择的感叹，共同造就着孩子关爱自然的心灵（二等奖作品《黑翅长脚鹬的悲剧》）；如何让斑嘴鸭妈妈更好的“带娃”，加密筑巢林、拓展岛屿浅滩……哪一个办法不是筑于人与自然的关系之上呢（二等奖作品《斑嘴鸭妈妈遛娃记》[1]）……

自然笔记，不是天马行空的幻想画，也不是资料堆砌的手抄报。因此，作为此次活动的评委，我们最重视的，就是“观察”在作品中的体现。我们认为，小作者以第一视角欣赏湿地鸟类，由看见、感受到思考，然后再记录，图文中一般都会留下“观察”的痕迹。而我们认为，“观察”是自然笔记的灵魂所在，契合了我们设计活动的初衷，在自然笔记创作中的优先次序是高于一切的。我们在活动前期的培训中反反复复强调：自然笔记创作必须基于亲身实践和亲自观察。

[1] 本文提及的作品详细内容请参看第四章“获奖作品”。

在评审过程中，我惋惜地看到了为数不少的被淘汰掉的作品中，不乏精美多彩之作，甚至宛如艺术品一般，一看就知道耗费了小作者及其指导教师长久的时间和精力。为什么被淘汰？大多数原因都是把自然笔记做成了图文资料拼凑的手抄报，找不到能体现作者亲自观察的痕迹，譬如：和谁一起进行的湿地观察？总体印象如何？首先看到的是哪种鸟儿？它旁边有同伴吗？它发现你了吗？它在做什么？它的样子让你想到了什么？你还有什么独特的新发现……找不到就只能被淘汰，非常遗憾。

还有一些作品，个人实践和科学性都不错，图文内容也很好，但选择的工具出了问题，譬如，在素描纸上大面积渲染水彩导致纸面凹凸不

湛江市第二十中学曾子卿，在老师的组织带领下于市区内的观海长廊观鸟创作《湿地精灵 白纱女王—白鹭》（三等奖）

福州市长乐区谭头中心小学叶筱晴、鲍致玮，在福建闽江河口国家级自然保护区的组织下，来到保护区写生，创作作品《故乡的美丽湿地》（三等奖）

张雨在云南会泽黑颈鹤国家级自然保护区参加会泽县教育体育局组织的观鸟活动创作《念湖之恋—黑颈鹤》（二等奖）

平、使用过粗纹路的纸张导致细节表达不清、作品保存不当导致铅笔痕迹模糊不清、笔和纸不匹配导致字迹洇晕等都使画面的美观程度受到影响，其评分因此打了折扣，也非常遗憾。

自然笔记创作中，不必太纠结自己的绘画技巧。此次获奖的很多作品并非因绘画技巧而取胜，而是取决于观察的真实性和体验的独特性。沉浸于自然，尤其是生态资源丰富的湿地之中，无论在河流、湖泊、红树林，还是水库、稻田，那些忙前忙后找食吃的鸟儿、那一跃而起的弹涂鱼、那风吹过稻田的香甜，都能让我们感觉到自然之美和抚慰身心疗愈的力量。面对自然之伟力，拿起笔和纸，将你所见所闻所感倾泻于纸端，就能抒发你对自然深沉而延续的爱。

我深深地知道，长期记录自然笔记大有裨益：其一，保护环境，大自然属于我们每一个人，越观察，越了解，越热爱，越守护；其二，有益身心，自然观察多在户外发生，不仅增加运动量，更让内心保持好奇；其三，提升艺术水平，画画和写作从简单的线条和短语，到复杂的构图和配文，熟能生巧；其四，增进社交，线上线下，呼朋唤友，交流讨论，共同学习，是很好的社交；其五，镌刻回忆，自然笔记还会成为观察学习生活的纪念，每每翻阅，都能够勾起美好过往。

因此，我期待参与到自然笔记创作活动中的老师和同学能在实践之前，通过培训、自学等方式，通晓自然笔记的核心要点、工具选择、创作流程、提升方法等，在头脑中建构起比较具体、完整的自然笔记概念体系之后，再开始户外实践和创作。同时，也期待今后的自然笔记接力活动能有全国各地更多的老师和同学参与进来，创作出精彩纷呈的作品，更以此为契机，平时多多走近湿地，关注自然。凝视一只鸟、抚摸一片叶、琢磨一阵风，记录草木鸟兽之美、之智慧，思考人类与自然和谐共处之道。

颖儿

中国国家地理杂志社《博物》专栏作者、博物绘画师

2022“爱鸟周”全国湿地自然笔记接力活动顾问

一次湿地保护的大推广

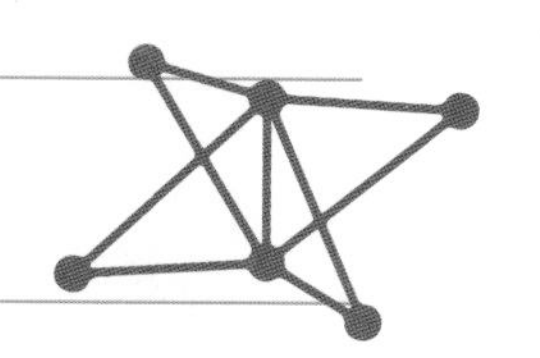

8月中旬，2022“爱鸟周”全国湿地自然笔记接力活动，经过为期5个月的教师培训、实地观鸟、学生指导等环节，终于落下帷幕，50幅优秀作品从投稿的2679份作品脱颖而出，分获全国一二三等奖。

这2679份学生作品，无疑是一次湿地大展示、一次湿地保护的大推广。

跟随着小作者，我们深切地体会到我国湿地类型的丰富多样：从青藏高原若尔盖高原沼泽湿地到三江平原腹地“两草一水七分苇”的黑龙江七星河上的河漫滩；从北方的辽宁的辽河口一路向南到山东东营黄河口，再到长江口、福建闽江河口……大大小小河口三角洲湿地，以及时而惊涛骇浪、时而旱可跑马的天然湖泊湿地鄱阳湖、唱响鱼米欢歌的洪湖，再加上黄渤海一线被列为世界自然遗产的江苏条子泥滩涂湿地、被誉为“海上森林”的红树林潮间带湿地，当然还有小作者家乡散落着的水库、稻田和小池塘。这些湿地或天然或人工，或大或小，无一不是在向孩子们展示着湿地风光的多变和瑰丽。

在这些画作之中，更吸引我们目光的是在不同类型湿地之上生机盎然、精彩纷呈的动植物：在云南会泽湿地，高原神鸟黑颈鹤风采熠熠；在辽宁盘锦辽河口滨海湿地，碱蓬红海滩令人难以忘怀；就算是同一条黄河，内蒙古的临河湿地和东营的黄河口，在孩子们的笔下也都因着湿地之上各异的物种而散发着各自独特的魅力。全部作品中有383种动物（包括249种鸟类）和237种植物出现在画作之中，被描绘、被述说。除了惊叹于孩子们细致的观察与表达能力外，还有湿地丰富的物种多样性，以及更多湿地物种被发现、被关注的期待。

令人惊喜的是，此次活动，各地湿地类型的自然保护地积极参与，其中有19个除了提供活动作品外，还以多种形式支持了活动的开展：提供讲师，以线下或线上的方式，为中小学观鸟队伍进行专业讲解；敞开大门，带领同学们在保护区内开展观鸟和写生活动；以单位投稿方式，组织培训进行稿件初选等。湿地类型的自然保护地开展的湿地教育，是以湿地保护为目标的宣传教育。通过本次活动，以湿地为主题的自然笔记形式，让“湿地，生命的摇篮”“人与众多生物共同选择的家园”等不再仅仅是停留在纸面之上的空洞词句。孩子们走进湿地，经过亲身的观鸟体验，将眼中所见、心中所念以及对人与湿地关系的思考，都反映在其创作作品之中。

宣传教育工作是湿地类型自然保护地的主要职责和内生工作要求，这早在1994年颁的《中华人民共和国自然保护区条例》中就有所规定。而后2019年国家林业和草原局发布的《关于充分发挥各类保护地社会功能 大力开展自然教育工作的通知》中更是进一步指出，自然教育作为建设生态文明的重要抓手，是自然保护地发挥社会功能的关键一环。为了更广泛地引导广大公众，特别是青少年，走进自然保护地、提升生态文明意识，各自然保护区还应由专人负责管理、协调、组织、解说和安排自然教育活动的有序开展。对于湿地类型的自然保护地，2022年6月1日刚刚颁布的《中华人民共和国湿地保护法》明文规定，其宣传活动可以通过各类湿地环保节日开展；并专门新增设一条，规定学校在教学活动中需着重培养学生湿地保护意识。2022“爱鸟周”全国湿地自然笔记接力活动，在此背景之下、在全国范围内联合了湿地类型的自然保护地和学校，是对《湿地保护法》的积极响应、对自然保护地开展自然教育活动一次有效的推动，从自然教育的方法、内容等方面对自然保护地教育专业能力的一次提升。

湿地保护公众意识的提升，既需要每个湿地类型自然保护地，从深耕自身的资源特色开始，针对保护地周边特定的宣传对象，进行形式多样、务实有效的宣传动员工作，也同时需要在不同湿地类型自然保护地之间开展宣传工作联动。这不仅是因为宣传工作的联动可以产生事半功倍的社会影响力，还是因为从湿地，作为迁徙动物，尤其是迁徙水鸟重要的栖息地、繁殖地、越冬地和停歇地而言，湿地保护需要从点到线连成片，借助强有力的宣传活动，推动更多公众转化为湿地保护坚实的力量！

期待我们这一代、我们下一代及我们的世世代代，都能够生活在水丰草润、鸟鸣鱼跃的繁茂盛景之中。

钮栋梁

上海市崇明东滩自然保护区管理事务中心书记、主任

在崇明东滩越冬的小天鹅（陈婷媛 摄）

自然笔记中的生态学

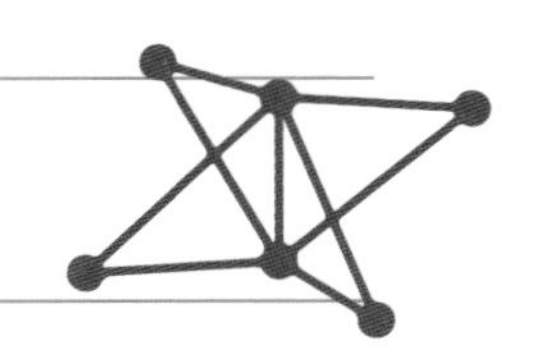

现代科学诞生于16~17世纪的欧洲，达尔文在19世纪提出进化论，这不是偶然，也不是巧合，而是西方国家素有对自然的观察、记录和描述的传统，并诞生了许多至今仍有影响力的博物学家。他们留下的标本、书籍、画作等资料是现代自然科学研究的宝贵财富，奠定了现代生态学、生物学、环境科学等相关学科的理论基础。西方人对自然观察、自然研究的热爱，以及他们的表达方式，是有别于中国文化传统的。中国人也热爱自然，这样的热爱体现在文人墨客的诗词歌赋和画作中，他们往往将天地山川、草木鸟兽作为一个整体来表达自身的某种感情或者诉求，而不是去探索每一个自然事物的关联和奥秘，因此没有形成与西方博物学相似的自然理念。即便有人从事了相关的博物学研究，也多是出于某些具体的实用目的，如《本草纲目》。如果没有实用性，则属于玩物丧志，因此博物学难以成为中国历史的主流方向，也就无法被继承和发展。

中国特色社会主义已进入发展新时代，我国人民对美好生活的需求日益增长，民众对博物学、自然观察、自然教育、自然体验的热情不断高涨，此次自然笔记活动的开展正是这些需求的具体体现。

自然笔记是通过观察自然界中的花草树木、飞禽走兽等各种生物，以及天空、云朵、水流、泥土等环境要素，继而对自然现象进行写实的、客观的描述和描绘。

开展自然观察活动，并将所见所闻记录下来形成自然笔记，是培养和提升少年儿童的观察和表达能力的重要手段之一，也能够为从小培养少年儿童的生态保护意识打下良好的基础，进而夯实我国生态文明建设的牢固基石。

如果你是一个刚开始进行自然观察、撰写自然笔记的新手，那么最表象、最基础的观察通常是对单个物种外部形态特征的描绘。例如，当看到一只白鹭时，你首先看到的通常是它全身白色的羽毛，继而到它黑色的嘴、黑色的腿、黄色的爪，从而完成一幅白鹭的肖像画。但很显然，一篇优秀的自然笔记并不应该仅仅局限于对物种形态特征这样的表象进行描述，而更应该去观察、记录物种的行为、物种与环境的关系、同一个物种之间的关系（种内关系）、一个物种与其他物种的关系（种间关系），等等。比如，深圳湾湿地的白鹭会捕鱼，海口五源河湿地的栗喉蜂虎会取食蜜蜂、蜻蜓等各种昆虫，这就是对捕食关系的观察。更进一步地，可以观察到白鹭捕食时会在水中慢慢踱步，并在发现猎物时猛地一下将头扎下去将鱼儿捉住，再叼出水面将鱼儿直接吞食；而栗喉蜂虎则喜欢站在一些突出的枝干或者电线上，当发现飞虫时，它们会迅速掠起，并在空中将猎物衔住，再回到刚刚站的枝干或电线上，抬头、张嘴，几下将昆虫吞食。这就是白鹭和栗喉蜂虎不同的捕食行为。再比如，通过观察可以发现白鹭和栗喉蜂虎栖息的环境是不同的，白鹭常常在典型湿地生境中活动，而栗喉蜂虎则喜欢靠近湿地的稀疏树林，因为它们本就属于不同的生态类群。在此次活动提交的作品中，有不少作品描绘了鸟类的捕食行为，也有一些作品描绘了鸟类生活的场景，这样的自然笔记当然是值得支持和鼓励的。

还应当注意的是，许多自然现象或者生态学问题并不是通过一次观察就可以发现的，而是应当进行长期的自然观察，并随着观察者认知水平的提高而自发地去思考，去发现和发掘更深层次的生物学、生态学知识，去深切体会人与自然之间的相互关系。因此，一篇好的自然笔记也应该建立在长时间自然观察的基础上。例如，在同一片湿地中，你会发现夏季和冬季的优势鸟类并不完全相同，这其中正隐藏着湿地水鸟迁徙的秘密。那么，你是否会问：鸟类为何要迁徙？如何迁徙？导致鸟类迁徙的生理因素或者环境因素又是什么？人类活动又是否对鸟类迁徙造成了影响？当然，这些问题的答案并不都能通过简单的自然观察获得，而是需要去开展真正的科学研究。但也许有一天，引导你深入这个领域的，正是当初埋藏下的疑问的种子。

除从时间上拉长自然观察的尺度外，还可以在空间上延伸自然观察的距离。例如，有许多黑脸琵鹭会在深圳湾的滩涂湿地中越冬，那么它们在繁殖期的生活又是一种怎样的景象呢？去到大连庄河市的繁殖地，你会发现，此时的黑脸琵鹭已经换上了繁殖羽，颜值提高了不少，身上的羽毛不再是单调的白色，而是在头顶、胸前的饰羽上缀上了亮眼的黄色。它们也不仅仅利用滩涂觅食，还会将巢筑在近海岛屿的陡峭崖壁上。你甚至可以观察它们各种有趣的繁殖行为。这样你的自然笔记将会更加完整，其中，不仅有黑脸琵鹭越冬时在滩涂成群扫荡觅食的场景，还有它们繁殖时的形态特征变化、生境情况，甚至雏鸟成长的过程。

一份好的自然笔记不应该只来源于一次自然观察，而是应该在其中体现自然界中丰富的时空动态变化，体现物种的行为、物种与环境的关系、种内关系、种间关系等生态学的内涵。另外，现代自然观察的技术和手段早已比作为开拓者的欧洲博物学家们要先进许多，而生态保护的相关理念也在不断演变和发展，但人类对不同的物种以及各种生态系统的了解依然十分有限。对于自然界的认知水平决定了我们制定保护政策、开展保护行动的有效性，而一份好的自然笔记将帮助后继者获取更多自然谜题的答案。

贾亦飞
北京林业大学生态与自然保护学院副教授
东亚—澳大利西亚候鸟迁徙研究中心青年研究员
2022“爱鸟周”全国湿地自然笔记接力活动顾问

深圳湾落日（胡柳柳 摄）

当孩子遇到湿地和自然笔记

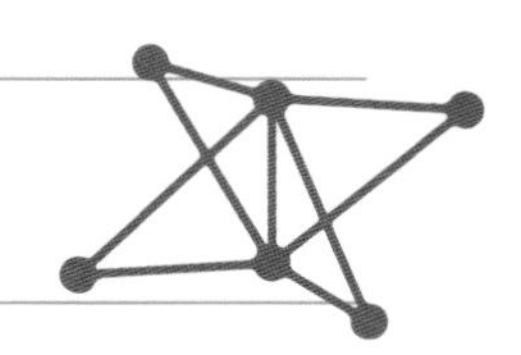

近些年流行一句话:“生活不止眼前的苟且,还有诗和远方。”套用在“双减”政策要求下的当下教育,我们能不能说一句:“学习不止眼前的刷题,还有诗和远方”呢?作为一个多年从事环境教育的工作者,我不禁想:湿地能不能成为孩子们生活和学习中的“诗和远方”呢?

诗意湿地:激发和培养孩子对自然的兴趣

诗意湿地,有人这样形容湿地,我很赞同。你看,湿地里遍地生长的芦苇,到了秋天,当灰白色的芦花盛开时,风一吹就会漫天飘舞。湿地中的水、草、树木、花朵、鱼类、鸟儿、昆虫等构成了一幅幅生机勃勃的画面,都是美的存在,能不激发人们内心的诗意吗?“关关雎鸠,在河之洲”“参差荇菜,左右流之”,这些《诗经》上的诗句描述的是只有湿地才有的景象。

诗意湿地,充满着野趣和生机,是生命的摇篮。带领孩子们走进湿地,一定能激发他们对大自然的好奇和兴趣。而兴趣爱好是最好的老师,也是最强劲持久的学习动力。有人说,湿地就是一所没有围墙的自然学校。在这样的学校学习,孩子们会经历惊奇和新的收获。

自然笔记:观察思考与自身成长的记录

走进湿地,在湿地中学习,自然笔记是一种诗意的学习方式。把我们在湿地里所观察到的动植物形态、生长环境、生活习性,可以是一只鸟、一朵花、一片叶、一种有趣的自然现象,也可以是我们在自然中油然而生的感触或是思考,用绘画和文字将它们记录下来,就能做出一份图文并茂的学习笔记。自然笔记可以培养我们细致的观察能力,对自然的感知能力,对自然世界的兴趣和好奇心。坚持做自然笔记不仅有助于建立我们与自然的情感联结，也是我们自身成长的一部记录。可以说，自然笔记已经成为湿地教育有趣、有效的重要方式。

湿地自然笔记：跨学科主题学习的重要方式

今年地球日前一天，4月21日，教育部颁发了新修订的《义务教育课程方案（2022年版）》，提出“设立跨学科主题学习活动，加强学科间相互关联，带动课程综合化实施，强化实践性要求”。在新的课程标准中也提出了各门学科课程用不少于10%的课时开展综合性的跨学科主题学习，培养学生应用知识解决实际问题的意识和能力。这些国家新出台的课程文件对在湿地中大力开展自然笔记是一个好消息，提供了教育政策上的有力支持。

湿地是开展跨学科主题学习的极好场所，或者说湿地为跨学科主题学习提供了真实的学习情境。在一些学科的课程标准中，比如地理学科，就把“探访‘地球之肾’——湿地”作为跨学科主题学习的案例，并明确指出“湿地公园是中学地理、生物学、数学、信息科技、体育与健康、艺术等多门课程的教学资源，有助于培养学生的人与自然和谐共生的观念”。

聚焦湿地的自然笔记活动，更是一个跨科学、艺术、语文、生物、地理、历史等不同学科的主题学习。在这个跨学科主题学习过程中，学生首先要对湿地的动植物及其生存环境做一个细致和深入的自然观察，这就涉及调用科学、生物等相关学科的知识和方法；用绘画和文字相结合的呈现方式进行表达，这就涉及美术、语文等学科知识和技能的运用；还需要把观察到的东西、思考到的问题以及发现问题的过程等一系列探究学习过程展现出来。所以说，湿地自然笔记的完成，就是一个能把孩子们的内在动力激发出来的跨学科主题学习的过程。

为什么鼓励青少年走进湿地、以湿地为主题开展跨学科学习呢？这是因为，作为地球的三大生态系统之一的湿地对人类和地球生命至关重要，湿地直接或间接地提供了全世界几乎所有的淡水需求，超过10亿人依靠湿地谋生，40%的物种在湿地栖息和繁衍。然而，我们的湿地正面临前所未有的挑战：湿地面积减少，生物多样性锐减。只有亲身走进湿地，学生才能对湿地的生态有更为深入的了解，感受、认识湿地在保护生物多样性、涵养水源、改善水质、调节小气候等方面的多种功能，发现湿地面临的挑战，充分体会湿地与人类活动的密切相关性。

可喜的是，近些年来湿地逐渐成为青少年亲近自然、探索人与自然关系的极佳场所，自然笔记也深受学校与学生的青睐。2022年，由中国野生动物保护协会与红树林基金会（MCF）组织的全国湿地自然笔记接力活动收到了来自全国18个省（自治区、直辖市）的2679份作品，数以万计的中小学生走进湿地观鸟、了解湿地的动植物、发现和探索湿地之美，不同程度地提升了湿地保护意识。

走近湿地：感受、体验

对湿地类型自然保护地而言，《湿地公约》及《湿地保护管理规定》提出了关于湿地教育的要求。我国的《国家湿地公园管理办法（试行）》也涉及具体的宣教要求。2019年，国家林业和草原局发布了《关于充分发挥各类自然保护地社会功能　大力开展自然教育工作的通知》，要求各自然保护区在不影响自然资源保护、科研任务的前提下，按照功能划分，建立面向青少年、自然保护地访客、教育工作者、特需群体和社会团体工作者开放的自然教育基地。越来越多的湿地教育从修建展厅、步道、观鸟屋等硬件设施建设逐步转向配套的活动方案设计、课程研发、解说设计等软件建设，其中，开展自然笔记活动应该是湿地大力开展自然教育工作的一个重要抓手。

当孩子遇到湿地、遇到自然笔记，我们期待更多湿地美景出现在自然笔记中，期待生态环保的理念根植于孩子的心中，更期待湿地永葆原真，永远地诗意下去。

刘健

人民教育出版社编审、环境教育中心负责人

4 月 5 日，湖北省武汉市江滩湿地开展自然笔记活动

6 月 8 日，湖南省岳阳市东洞庭湖湿地明德小学进行自然教育活动

获奖作品

笔记接力活动
珍爱湿地，人与自然和谐共生

一等奖

朱思珩

作者年龄 **10岁**

学校/单位 **湖北省武汉市长春街小学**

指导教师 **庞静**

作者创作感言

“当我第一次踏入沉湖湿地，我才知道，原来在我生活的城市，除了高楼大厦外，还有这么广阔的湿地，那些原本只在电视、书本上看到的鸟类尽在眼前。我曾以为自然就是遥远的亚马逊丛林、太平洋海域，其实自然就在我们身边。我终于明白了"大自然是所有生命共同的家园"的意义。我们不可以私自占有，更不能随意破坏。如果你想寻找自然，也不必去远方，抬头看看掠过天空的鸟，环视周围的植物，我们就生活在自然之中。自然笔记可以帮我把那些看到的、听到的、闻到的、想到的一切，以及那个当时的“我”，都永久地保存了。大自然是一首美妙的乐章，所有的生命都是其中的音符。我们要怀着感恩的心，尊重和爱护大自然，去记录，去感受，去探索未知的奥秘。”

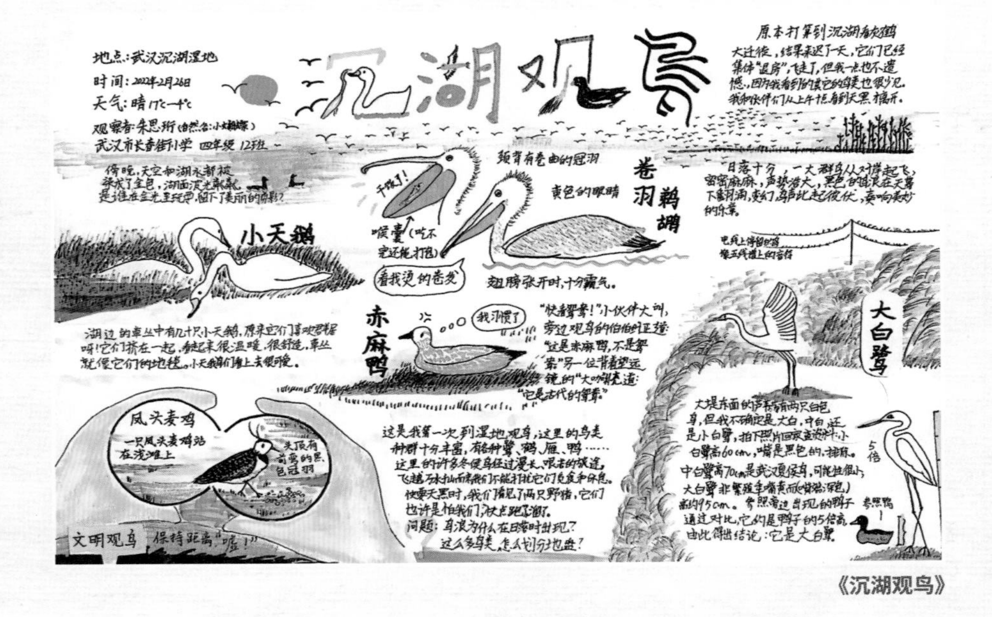

《沉湖观鸟》

专家点评

这篇自然笔记堪称完美！从小作者有自己的自然名能看出，她已积累了一定的自然观察经验。笔记中记录了观鸟一天中印象最深刻的部分，既有细致精确的个体特写，又有开阔壮观的群体远景，内容丰满充实。另外，小作者的语言活泼生动，既体现出对鸟的喜爱之情，又有自己对其行为的理解，趣味横生，非常打动人心。绘画部分形象准确，标题及排版有很强的设计感。通篇最棒的是在观鸟时产生了疑问，便进一步学习，通过查询资料得到答案，整个推理过程思维缜密，逻辑严谨，非常精彩！末了，文中还有两个未找到答案的疑问，这在自然笔记中是允许的，有思考才会有疑问，但因为个人经验、学识等正处在积累阶段，有些答案要等候机会才能得到，想到了就记下来，也不错。自然笔记本来就是帮我们在自然中学习的一种方法。

一等奖

赵梓渟

作者年龄 **13岁**

学校/单位 **深圳实验学校初中部**

指导教师 **杨洋**

作者创作感言

“每个自然生物都有自己独特的美，我用了自己的方式来展现它们的美，期待这次活动能让更多的人参与到湿地保护中。自然保护区生态环境需要更多的人来参与、来保护，福田区红树林湿地是全国唯一一个地处城市中心区的国家级自然保护区，其南部有大片原生红树林，与香港米埔自然保护区隔海相望，可以给鸟类提供更加优质的栖息环境。我保护，我骄傲。”

（注：广东内伶仃—福田国家级自然保护区由内伶仃岛和福田红树林两个区域组成，其中，福田红树林区域是全国唯一一个处在城市腹地、面积最小的国家级自然保护区）

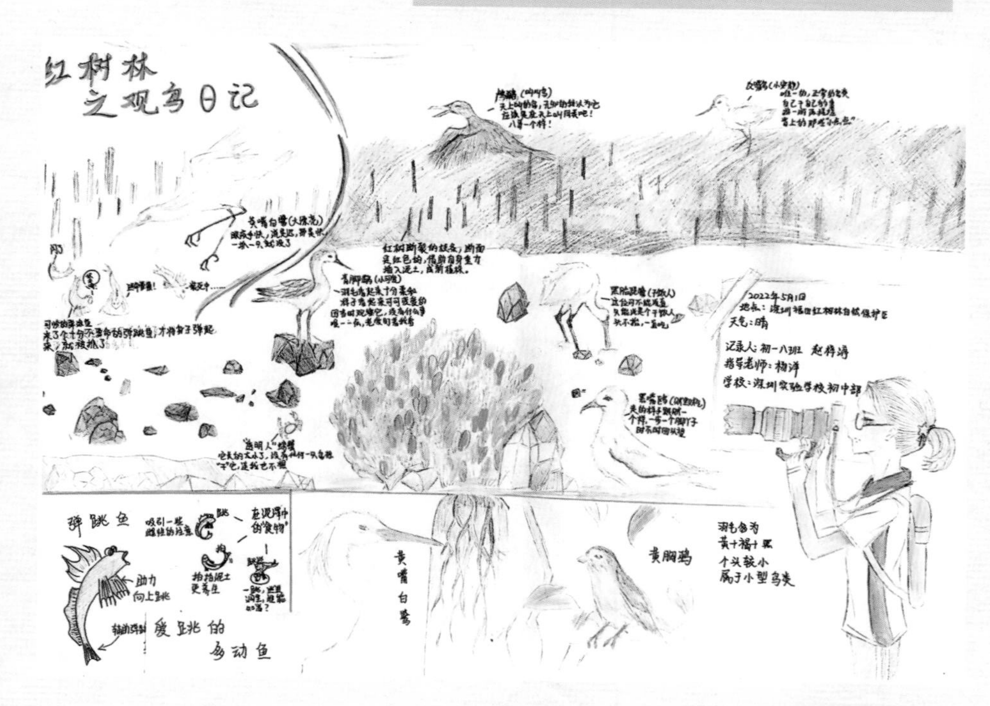

《红树林之观鸟日记》

专家点评

这篇自然笔记最出彩的部分是展示了湿地环境与鸟之间的关系，红树林既有林地，也有滩涂，多样的生境为鸟类提供了休养生息的良好条件。小作者的语言风格活泼生动，对每种鸟都有非常形象有趣的表述，有关黄嘴白鹭捕食弹涂鱼的情节细腻精彩，这也是观察入微的结果，特别棒！给小作者一点建议，今后在做自然笔记时，绘画的笔迹再清晰些就更好了。

一等奖

周美善

作者年龄 **14岁**

学校/单位 **海南省海口市五源河学校**

指导教师 **马泽轩**

作者创作感言

“大自然中的生物都是神奇而独特的，栗喉蜂虎也是如此。我十分幸运地目睹了栗喉蜂虎迁徙途中灵动美丽的姿态。这些精灵舞者在五源河湿地短暂的休整，让我有机会记录下它们的各种习性。它们与我见过的许多鸟类都不甚相似，可爱的外表下隐藏着凶悍。这种特别的生物数量却不多，已经被列为国家二级重点保护野生动物。我希望通过自然笔记将它们记录下来，让更多人知道它们、了解它们、保护它们，让它们不会在大自然中渐渐消失。”

《栗喉蜂虎》

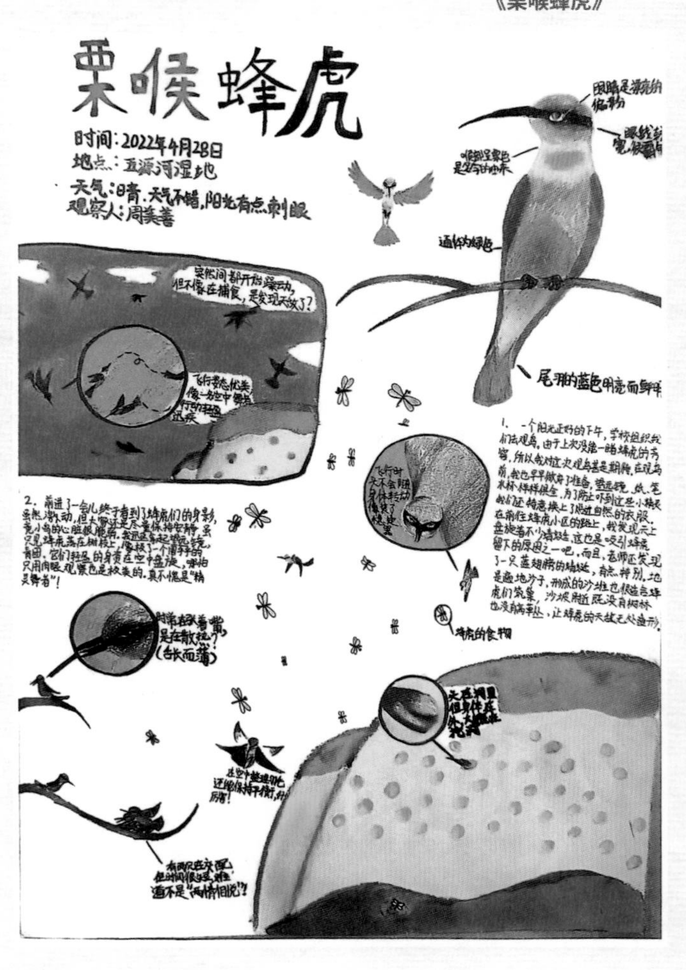

专家点评

该作品画面完整，文字和绘画比例合理，基本展现了观察对象栗喉蜂虎的形态特征，色彩基本准确。作者能够用文字详细记录在五源河湿地观察栗喉蜂虎的详细过程，并围绕该物种的生存环境进行分析、思考，提出自己的猜测和疑问。比如，作者观察到该物种时常张嘴，提出自己的猜测“是不是在散热”。像作者这样在亲身体验的过程中养成提出问题、分析问题、解决问题的习惯值得肯定，也是自然笔记大赛的初衷。当然，如果作者能在体验过程中加入其他感官体验（如听觉）就更好了。

一等奖

翁子桐

作者年龄 **13岁**

学校/单位 **福建省厦门市金尚中学**

指导教师 **黄舜**

作者创作感言

“这幅自然笔记的取材地是我的家乡——厦门五缘湾湿地公园。我从小就很喜欢到五缘湾湿地喂黑天鹅，长大后遇见一些观鸟者，他们分享了许多关于湿地鸟类的知识，激起了我对五缘湾湿地的浓厚兴趣，时常会关注这一“地球之肾”里的鸟类和植物群落。现在五缘湾湿地的自然环境越来越好，不管是目之所及的绿色植物，还是数不胜数的鸟类足迹，都体现了厦门保护绿色原生态湿地公园的决心和行动。这次活动我决定从水生动物、植物和鸟类的变化等几个方面来探寻人类对湿地的影响。希望这幅自然笔记，可以让更多的人了解人类对湿地的影响，从而更好地保护和利用湿地。”

《自然笔记——湿地》

专家点评

这篇笔记最出彩的地方是小作者通过对湿地自然的观察，看到了湿地、动植物与人之间的关系，关注到了湿地在发展与保护之间的平衡，物种本土与外来的现状，人与自然和谐相处的日常，紧贴大赛主题。小作者围绕湿地和鸟的核心元素创作，从水中生物到鸟类、植物，有前言、总结，还有补充其他说明，观察仔细，排版巧妙，在每个环节上都有自己的思考和见解，非常棒！不过这篇笔记在用笔上有一定问题，导致观者阅读困难。好的自然笔记值得反复阅读，建议用不洇墨的笔做字迹更清晰的文字记录。另外，在一篇笔记里对鸟类尺寸进行标注时，不要将公制单位的米、厘米和英尺混用，尽量使用统一的长度单位，最后标题可以精炼概括一下自然笔记内容，更吸引读者。

一等奖

孙盟淳

作者年龄 **10岁**

学校/单位 **江苏省南京市火瓦巷小学**

指导教师 **海鹦**

作者创作感言

“在我生活的城市有片湿地。鱼塘一个连一个，坝上立着电线杆，电线杆顶上拉着电线，鸟儿会停下歇歇翅膀。远处有一片滩涂，在后面的小河两旁芦苇茂盛，里面还藏了小鹡鹛的窝。蓟属植物在路旁疯狂生长，紫红的桑葚星星点点挂在枝头。鸥在枯草中跳跃，不时蹦到树枝上。大苇莺落在苇秆上清了清嗓，麦鸡和金眶鸻在泥滩地奔跑。我也在这里跑着、看着，把看到的画下来，记录每一年湿地的样貌。”

《湿地观鸟》

专家点评

时间、地点、天气（气温）记录要素齐备、无科学性错误。作者观察和记录了自己在湿地观察到的多种鸟类，它们或生活在浅水中，或生活在岸边，或生活在草丛里。作品整体布局疏密有致、图文比例平衡，橘色为主、黄绿为辅、红黑点缀的配色协调又醒目，视觉观感非常舒适。文字部分采用多样的表达方式：既有娓娓道来的故事叙述，又有流畅准确的观察描述，还有清晰明了的图说名称。仔细阅读，还能发现小作者用心的文字细节——“有鸻有鹬有鸭子、有鸦有莺有鹡鸰”的对仗描述、“蒹葭苍苍，白露为霜”的古文引用、“1~2 秒”和“5~6 秒”的时间观察……字里行间透露着对湿地鸟类的热爱，真情实感，富有感染力。

一等奖

周奕嘉

作者年龄 **12岁**

学校/单位 **海南省海口市安泽实验学校**

指导教师 **李乐**

作者创作感言

“第一次看到勺嘴鹬时，觉得它又小又胖，两只小眼睛对在一起像斗鸡眼一样，有点搞笑。而它那标志性的喙，就像在灰色的网球上插了一把黑色的小勺子，特别可爱。它们种群濒危，数量比大熊猫还要少。人们想了很多办法来保护它们，“C2 王子”就是人工孵化出来的。为了找到它，我和鸟类调查的叔叔阿姨们花了两天时间，在 7000 多只水鸟中地毯式地搜寻。现场并没有认出来，最后戏剧性地在录像中发现了它的环志 。我希望能有更多的人认识它们，喜欢它们，保护它们，这次活动给了我这个机会。大自然有那么多美丽的植物和可爱的动物，湿地和森林是它们赖以生存的家园，希望通过绘画，展现它们的美，唤起更多人对大自然的热爱，大家积极参与环保，帮助它们生活得更好。”

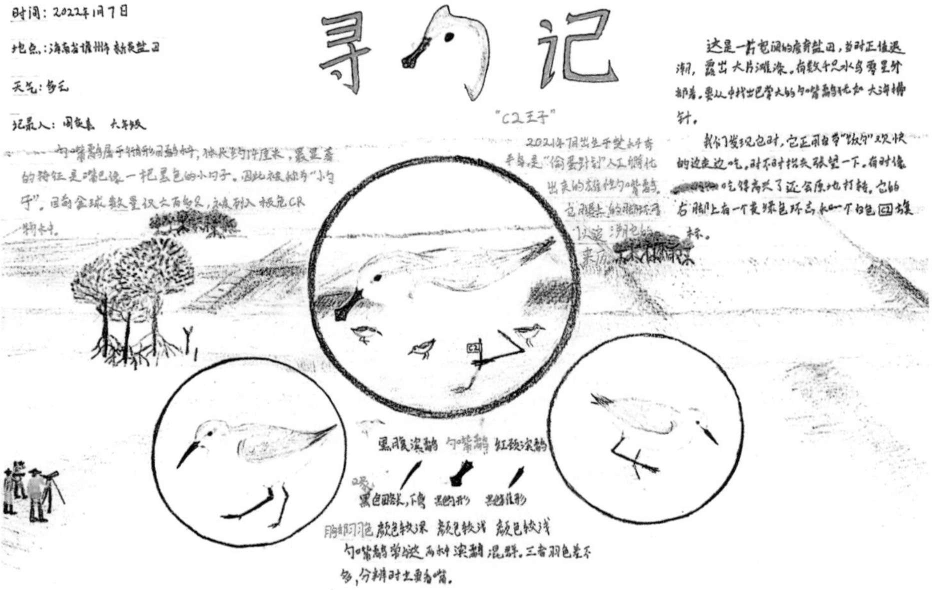

《寻“勺”记》

专家点评

作者观察并记录了勺嘴鹬“C2”在觅食的情况，在描述中，涉及了其所在觅食地盐田的情况，与所在的水鸟群落的情况，描述并准确区分了勺嘴鹬和其混群觅食的黑腹滨鹬、红颈滨鹬之间喙的差别，以及勺嘴鹬觅食时的行为特征，均十分准确。其绘画的鸟类特点也十分准确细致，对于小学阶段的作品来说是难得的佳作。

一等奖

吴允豪

作者年龄 **7岁**

学校/单位 **福建省厦门市梧桐实验学校**

指导教师 **林灿妮**

作者创作感言

“创作《有趣的夜鹭》这篇自然笔记，对我来说是一次特别又有趣的经历，让我受益匪浅。从一开始的户外观察，到最后完成作品，我渐渐喜欢上了夜鹭这种可爱的鸟类。在创作前，我通过科学老师和鸟类专家的详细讲解，回家后再查阅相关资料，我了解了夜鹭的身体特征与生活习性，这让我的自然笔记有了坚实的科学基础。通过此次自然笔记创作，让我明白了自然笔记活动的意义，我们每个人都应该好好保护我们的大自然，让鸟类有一个美好舒适的家园！”

《有趣的夜鹭》

专家点评

一年级的小朋友对夜鹭的观察，既有个体形态，也有生活习性、捕食过程，非常棒。对夜鹭个体形态进行了从头到脚的观察，能用自己的语言加上小箭头标示出夜鹭各部位的特点。特别让人印象深刻的是，作者记录了夜鹭捕食的过程：“先向水里扔果子，然后它就安安静静地等待”，可谓观察细致，有耐心。作者还画出夜鹭的不同捕食对象：水中的小鱼、荷叶上的青蛙、草丛里的虫子，并把它们被捕食前的心理活动加以生动有趣地描写：“我害怕！我不想被吃了”，想象力真丰富。作者在观察过程中还能提出问题，进行推测，这点是自然观察的好习惯。

一等奖

巴图

作者年龄 **10岁**
学校/单位 **内蒙古自治区包头市蒙古族学校**
指导教师 **无**

作者创作感言

“我的家乡在包头，这里鸟类最丰富的地方就是黄河湿地。春天是黄河湿地最热闹的时候，各路候鸟旅鸟还有留鸟在水面上、芦苇丛中、黄河边的玉米地里休息觅食，在天空飞翔。在观鸟过程中，我体会到多姿多彩的鸟类世界。鸟类美丽聪明，有高超的飞行本领，有获取食物、筑巢的独特技能……还有很多未解之谜等着我们去探索呢！我爱观鸟，想把一幕幕精彩的画面记录下来，就是做自然笔记。在野外观鸟，只要细心就能发现大自然带来的很多惊喜！”

黄河湿地观鸟记

时间:2022年4月16日 天气:晴
地点:黄河大桥东侧湿地
观察人:巴图(自然名:绿鹭)
包头市昆区蒙古族学校 三年6班

黑鹳飞过:这只黑鹳从天空上飞过,落进了水边的芦苇丛中。

惊现遗鸥:小池塘里很热闹,有正在休息的白眼潜鸭,有在水边跑来跑去的黄头鹡鸰,还有一群在疏理羽毛的红嘴鸥……

红隼进食

这只红隼在空中悬停了几秒,冲进芦苇丛里,飞出来的时候爪子上多了一只老鼠,它用脚踩住老鼠,用嘴扯下肉就吞了下去。老鼠还剩下时一口就吞了下去。吃完还到旁边的石头上抹了抹嘴。

遗鸥、红嘴鸥群中出现一只正在觅食的遗鸥,它的头黑黑的,翅灰色,眼睛上下方有白斑。

池塘水质清澈,有许多红虫,水藻,是鸟儿们的美食

《黄河湿地观鸟记》

专家点评

作者描绘了在春季迁徙季，出现在黄河湿地的 7 种鸟类，准确描述了红隼捕食的过程，同时描述了红嘴鸥与遗鸥的区别，许多水鸟以摇蚊和水丝蚓为食的特点。作为三年级的同学，观察十分仔细难得。虽然绘画有点简单，但是特征相对准确。

二等奖

陈福婷

作者年龄 14岁

学校/单位 海南省海口市长彤学校

指导教师 莫文惠、李芳良

作者创作感言

“我创作这幅作品的初心是想让更多人认识迁徙水鸟，加深中小学生对湿地对于迁徙水鸟重要意义的认知，提升他们对鸟类保护、湿地生物多样性保护的意识。迁徙鸟类是地球上最具流动性的生物类群之一，但因为人类活动引起的土地环境变化和全球气候变化等因素，导致了全球迁徙鸟类的数量呈下降趋势，其中水鸟数量下降更严重。我们应该给鸟儿一片广阔的蓝天，给鸟儿一处舒适的家园，给鸟儿一个爱心的摇篮。”

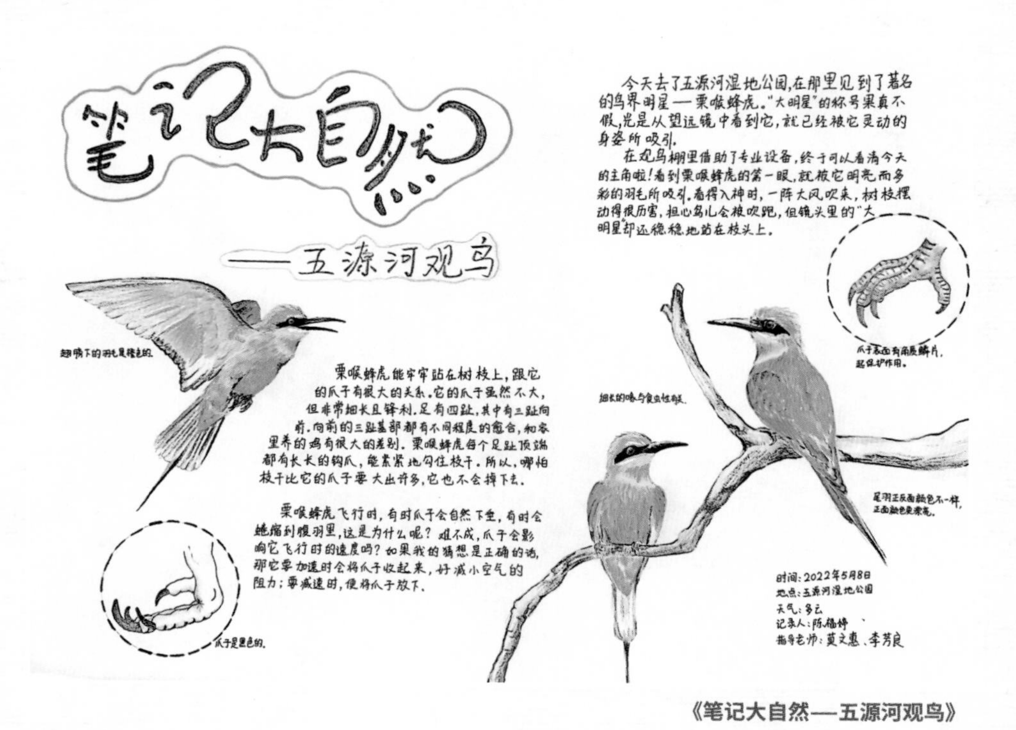

《笔记大自然—五源河观鸟》

专家点评

该作品画面清新，绘画技法娴熟，准确地画出了栗喉蜂虎的形体特征和姿态特点。作者观察仔细，通过对栗喉蜂虎飞翔展翅状态的描绘，凸显翅膀下方羽色特点；同时，作者用局部放大的构图重点表现栗喉蜂虎爪的形态，并针对其停在树枝上和飞翔时爪部的变化进行详细的文字描述，提出猜测。作品通过栗喉蜂虎在风中不受影响的原因分析将观察重点放在其爪部，前后联系紧密，重点突出，描述完整。建议在未来充分调动“五感”，更全面地记录自己的体验感受。

二等奖

方嘉怡
作者年龄 **17岁**
学校/单位 **广东省湛江市遂溪县大成中学**
指导教师 **李艳蕾**

作者创作感言

“鸟儿和人类是同住一个地球家园的好邻居、好伙伴，湿地对于鸟儿来说是一个温暖和睦的家园。我创作的初衷是记录小鸟的生活状态，并分享给大家，呼吁大家尝试主动了解有趣活泼的鸟儿，探险神秘且重要的湿地，真实地看到鸟儿的出生、成长、配偶、筑巢、育雏等生命成长的每一个过程，然后由心出发去保护鸟类、保护湿地，携手共创出人类与鸟、与湿地的和谐共处的关系，共创人与自然和谐共处的关系。”

《鱼仔的湿地观鸟探险记》

专家点评

这位小朋友的作品画面设计很美观，也把观鸟中见到的4种鸟类特征描写得很准确、细致，还将自己观察到的一些重点都做了标注，是一篇很不错的自然笔记。希望下次可以标注清楚自然笔记的三要素（时间、地点和天气），观察之余再多一些思考哦。

二等奖

作者创作感言

“和爸爸一起去观鸟让我发现了很多，那只黑翅长脚鹬的身世让我难过，也让我了解到自然界中鸟类的捕食者与被捕食者。那只幸运的黑翅长脚鹬在游隼的捕猎中幸存，却坏了翅膀，对他来说似乎又是一种不幸。”

李梓萱

作者年龄 **14岁**

学校/单位 **浙江工业大学附属实验学校**

指导教师 **李贺鹏**

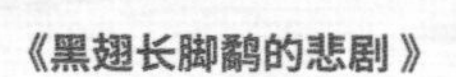

《黑翅长脚鹬的悲剧》

专家点评

作者从4月到5月记录了4次的持续观察，讲述了黑翅长脚鹬被游隼袭击，死里逃生的故事，很有画面感，并带有作者的担忧和良好的祝愿，感同身受！

二等奖

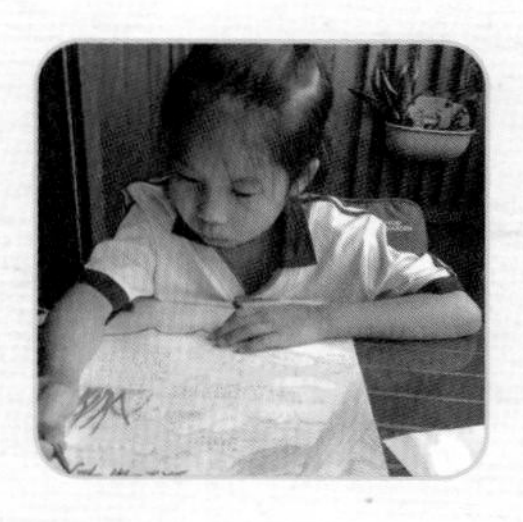

黄恩晴

作者年龄 **8岁**
学校/单位 **广东省广州市海珠区海富小学**
指导教师 **李小燕**

作者创作感言

“斑嘴鸭妈妈遛娃觅食的场景很有趣，就像我们人类一样，一家人在一起享受美食，闲暇散步，愉悦幸福的生活。鸟类，是湿地的卫士；湿地，是鸟类的家园，也是人类的乐土。我们要爱护鸟类，保护湿地，人与自然和谐共生，世代繁衍生息，家庭和睦，是最美的人间烟火。”

《斑嘴鸭遛娃记——海珠湿地拾趣》

专家点评

时间、地点、天气（气温）记录要素齐备，其中标注的具体观察时间“16:00”和节气“立夏前夕”，是非常好的习惯。无科学性错误。作品记录的内容很丰富、整体配色清爽宜人。图画用黑笔强化了轮廓，色彩则简化处理。这种画法操作起来比较快速，便于野外现场记录观察到的重点结构，是自然笔记写生创作中比较推荐的。标题“斑嘴鸭遛娃记——海珠湿地拾趣”很吸引人，图文也轻松。“春江水暖鸭先知”和“独乐乐不如众乐乐”穿插其间，烘托了氛围。“物种行为”“海珠湿地”“鸟类五星级的家设施大全”等几个关键词衬了鲜艳的底色，增加了阅读的层次感。

二等奖

桑刘玥

作者年龄　12岁

学校/单位　江苏省南通市如东县丰利镇石屏小学

指导教师　周晓勇

作者创作感言

“我们学校周边分布着很多河道、池塘，池边众生的树木、丰茂的水草吸引了众多野生鸟类在此落脚。我们学校的爱鸟社团经常在学校附近进行观鸟活动。经过多次的观察，我们与一处河道的黑水鸡一家相识了，三只成鸟，四五只亚成鸟。清晨，它们会两三成伴，沿着河滩姿态优雅而有节奏的踱步，尾巴一翘一翘，活像个喜剧演员……观察它们是一件乐趣无穷的事。它们与我们在这河道纵横间，互不干扰，和谐生活。它们让我们见识到大自然的神奇，同时也让我们明白了保护生态环境的重要性。保护生态就是保护这美好的一切。”

《快乐的一家人——遇见黑水鸡》

专家点评

作者观察了黑水鸡的成鸟和亚成鸟，用文字细致地描写出两者之间外形特点和区别以及走路的特点：“节奏舞者”“尾巴一翘翘的”。生动有趣！并且遵守了观鸟原则——不打扰！画面色彩明朗，美观大方。建议排版设计时通过图、文字对比一下成鸟、亚成鸟，会更加直观。

二等奖

李佳佳

作者年龄 **12岁**

学校/单位 **广东省深圳市福田区华新小学**

指导教师 **陈苗**

作者创作感言

“在这一次的观鸟活动中，我受益匪浅，不仅学到了知识，更亲近了大自然。在制作自然笔记时，我会把自己想象成动物本身，想象它现在是怎样的心情？正在做什么？就像和动物融为了一体，最后完成了我的第一份自然笔记。之后我也对身边的动植物更加感兴趣，遇到新奇的事物会停下脚步多看看，有时还会把它们记录在画本里，常常翻阅心情也会不知不觉地变好。最后呼吁大家要保护好大自然！”

《立夏游双砚湖》

立夏游双砚湖
时间：2022年5月5日 下午
地点：笔架山双砚湖
天气：晴
温度：26℃
心情：极好
记录人：华新小学 六(2)班 李佳佳
白斑叶冷水花
它真是花如其名，叶子上有比较规则的白斑，这叶子上的白斑还神似鲍鱼。
3cm
6cm
眼神"凶恶"、苦恶？
!其实我在专心找吃的
白胸苦恶鸟
它的脸到胸部都是白色的，其它大部分都是黑色的，看起来像穿了一件西装外套(没扣扣子的)还梳了一个大背头。
它虽然是因为鸣叫声像"苦恶"才叫白胸苦恶鸟的，但我觉得看它的眼神也能这样命名。
它尾巴总是向上扬
赤腹松鼠
我们发现它正头朝下的趴在一棵榕树上，而且还能保持这个动作很久，所以我觉得它的爪子应该和登山镐一样锋利。
我还观察到赤腹松鼠的毛色是褐色中带点黑、黑中带点灰的，它和大部分树木的颜色都很接近，所以当它趴着不动时要想发现它还不容易的。
当我想近一点观察赤腹松鼠时，它就会非常灵活的跳到另一棵上，很警觉。
长尾缝叶莺
它的头上有一抹淡淡的橙色，翅膀是暗一点的翠绿色。这两种颜色明明差距很大，但在长尾缝叶莺身上却很和谐，真是奇怪。
我们今天看见的这只长尾缝叶莺圆滚滚的，快长成一个球了！看来它最近的伙食挺不错的。
虽然它胖，但也还是能飞的，而且非常活泼，一直在树技间不安分地上蹿下跳，我的眼睛都快跟不上它了。
它停下来的时候我才发现它的尾巴也很有特点，很像一把折起来的扇子。

专家点评

这是一幅非常细腻、丰富的自然笔记作品。虽然场景只是城市公园中的小小湿地，出场的也是寻常的物种。但是从小作者翔实认真又不失活泼风趣的记录中，我们仿佛能感受到初夏的午后，孩子们在一片生机勃勃的小小湿地中徜徉，收获到满满的乐趣。在这位小作者的记录中，难得的是在认真观察的基础上依然保留了丰富的内心感受。比如，白胸苦恶鸟是表情有点凶的，长尾缝叶莺是圆滚滚的。既有客观的学习认知，又不乏童真童趣。如果能够加入更多湿地场景、环境的内容，这幅作品就更加出众了。

二等奖

杨沛文

作者年龄 **12岁**

学校/单位 **山东省东营市实验中学**

指导教师 **袁媛**

作者创作感言

“东营是湿地之城，黄河口是鸟类的家园，能在芦苇丛中望见震旦鸦雀，我感到非常激动。这灵动的鸟儿像美妙的音符，和无边的翠绿、轻柔的南风一起谱写了大自然的曼妙，赋予了我创作的冲动。在创作期间，我查阅了有关震旦鸦雀的资料，深度了解了它，让我更想亲近自然、爱护自然，同时也让我为家乡深感自豪。大自然的魅力是无穷的，我拙笨的文笔甚至无法触及一二，但我仍愿意为它记录，呈现它多姿又纯朴的风采。”

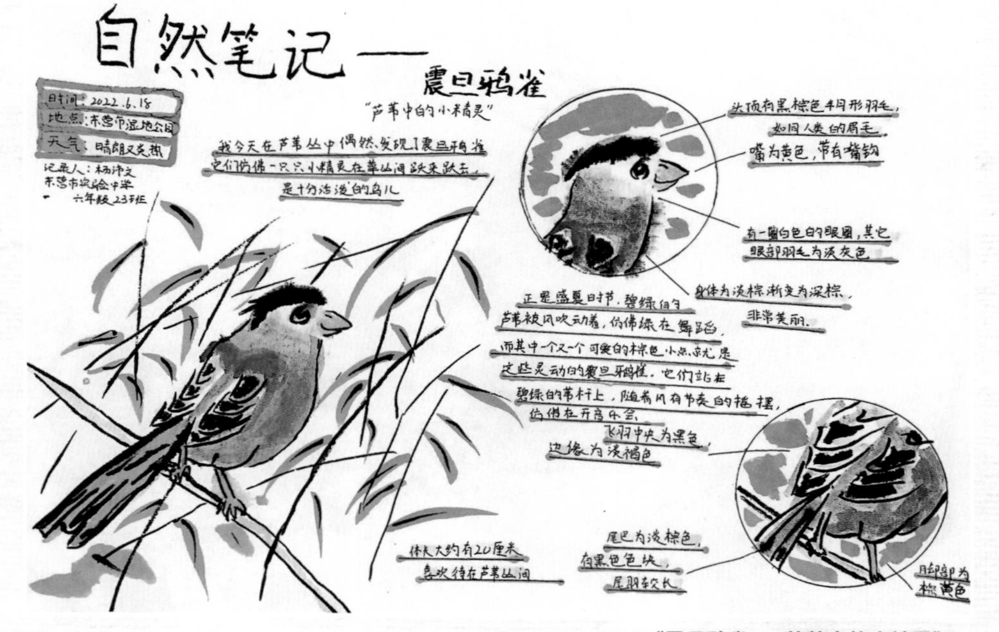

《震旦鸦雀——芦苇中的小精灵》

专家点评

时间、地点、天气（气温）记录要素齐备，无科学性错误。作品整体风格非常明快，是单一物种记录的典范之作。该自然笔记作品整体疏密有致、重点突出，图文比例恰当。标题“震旦鸦雀——芦苇中的小精灵”贴合内容又突出主角的主要特点：生活在“芦苇”中、个头“小”及“精灵”性格活泼。先写了一小段偶遇的故事，道出创作本幅作品的缘由；再另起一段，描述了鸟儿的形态和行为，两段文字娓娓道来，真情实感，对鸟儿的喜爱之情溢于言表。图画采用黑色轮廓＋水彩渲染的方法，既画出了震旦鸦雀的整体及生境，又补画了这种鸟儿的两幅重要结构图，并用拉线一一标注各细节的名称特点，一目了然。

二等奖

张雨

作者年龄　**12岁**

学校/单位　**云南省曲靖市会泽县教育体育局**

指导教师　**张丽芝**

作者创作感言

“近年来，由于湿地被严重破坏，黑颈鹤越来越少。在此，我倡议：我们一定要保护环境，保护黑颈鹤，大家快点行动起来吧！”

《念湖之恋——黑颈鹤》

专家点评

念湖是黑颈鹤的主要越冬地之一，黑颈鹤也是念湖湿地的旗舰物种。作者准确描述了黑颈鹤的形态特征，与丹顶鹤之间的生活环境的差异和黑颈鹤一些生活特征。但是黑颈鹤能够飞越喜马拉雅山脉，并不是需要飞越珠穆朗玛峰，主要是从山间的峡谷飞过，查阅的资料有误。在绘画中，黑颈鹤的特点绘制准确，特意描绘了在单筒望远镜中观察黑颈鹤的画面，更显生动。

二等奖

葛苏逸

作者年龄　12岁

学校/单位　江苏省南通市如东县丰利镇石屏小学

指导教师　周晓勇

作者创作感言

“在野外观鸟是我最喜欢做的事。蛰伏野外，留意观察、静心等待，意外的发现往往会随时降临。这次遇到牛背鹭，白色的腹部搭配着棕色的背，漂亮的配色让我印象深刻。带着众多的好奇，我上网查阅资料，原来我们身边的鸟还有这么多有趣的故事呢。观鸟给我带来很多的乐趣，也增长了见识。我感叹美好、富有生趣的大自然，更懂得让这一切美好延续的是良好的生态环境。为此，我倡议：保护生态，从你我做起。”

《鸟影——与牛背鹭的一次邂逅》

专家点评

该作品语言生动，小作者在老师的指导下观察到了牛背鹭，“头顶的毛直竖着，有点贝克汉姆的感觉”，将外形描写得活泼有趣。还通过查阅资料知道了牛背鹭名字的由来，很棒。下次画面可以设计得再美观一些，就是一篇很完美的自然笔记了。

二等奖

黄裕娜

作者年龄 **13岁**

学校/单位 **湖北省武汉市常青第一学校**

指导教师 **章静瑶**

作者创作感言

“去武汉市金银湖湿地公园观鸟，走到湖边，远处一只只白色身影映入眼帘，有白鹭，还有外号叫“企鹅崽”的夜鹭，我们观察到夜鹭亚成鸟形态和成鸟形态是完全不一样的。金银湖湿地公园的水是十分清亮的，有许多鸟类在那里筑巢、生存。现在，我不知不觉间开始观察生活中的鸟类，它们多是平时常见的，但是我此前从未留意过。生活中，需要善于观察美的眼睛，发现美，感受美，往往可以感受到更多生活中的温馨。”

《湿地内的绅士鸟——鹭》

专家点评

该作品的亮点是对夜鹭的刻画，在观察基础上，提炼出了形态的突出特点，体现出鹭鸟伸脖子和不伸脖子时的区别。同时，记录内容也较为细致，体现了真实的观察和思考。

二等奖

黄歆然

作者年龄 **11岁**

学校/单位 **福建省厦门市滨北小学**

指导教师 **柳贝丝**

作者创作感言

“欣赏和观察大自然是一件让人极其享受的事，自然笔记是记录生活的美好和大自然的美妙的一种形式。在记录的过程中，我们被大自然的神奇所震撼，使我们更加热爱生活、热爱大自然。我以眼睛为相机，以手中的笔为工具，从我的角度去记录下我所观察、接触到的大自然，分享给大家，希望能有更多的人关注它、接触它、享受它、热爱它；希望能有更多的人去体会大自然的勃勃生机与鬼斧神工，让生活慢下来，发现身边的美！”

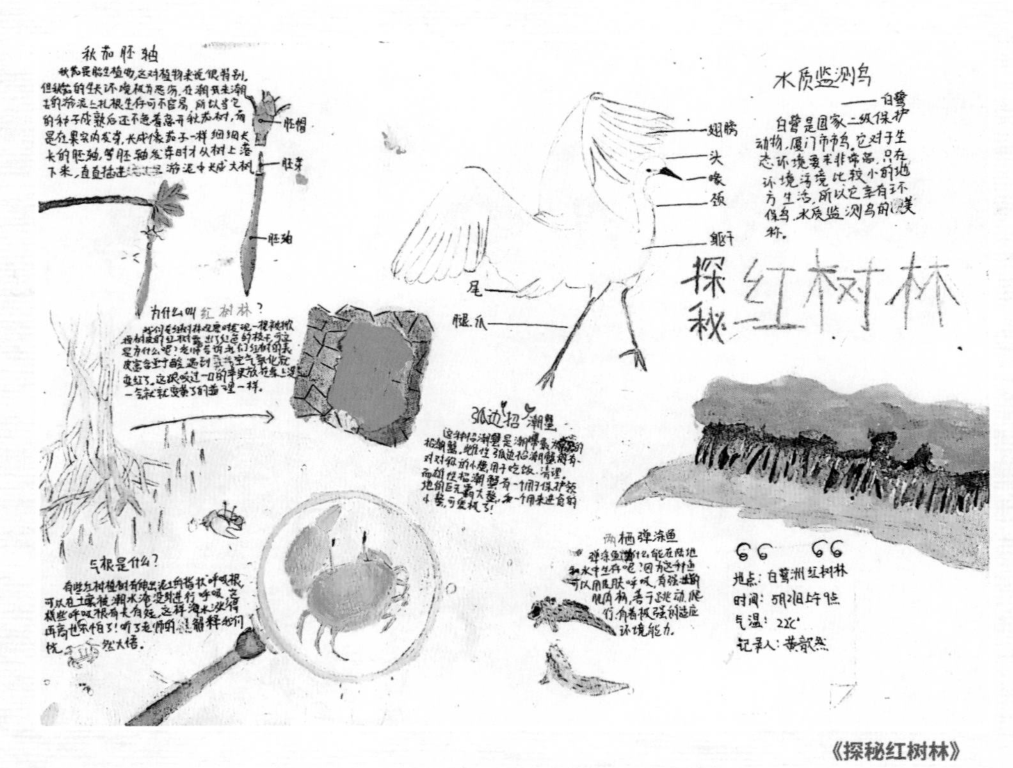

《探秘红树林》

专家点评

作者把红树林生态系统中典型的物种白鹭、弧边招潮蟹和弹涂鱼，以及红树林的典型物种秋茄和红树林的“红树”的名字由来进行了解析，内容基本准确。绘制的各个物种的特征准确，之间的关系也较为准确。唯一欠缺的是在白鹭的描述中，称其为水质监测鸟和国家二级重点保护野生动物，这个内容并不准确，白鹭是一种适应性非常强的物种，会分布于各种生境中，且并非国家二级重点保护野生动物，是一种十分常见的物种。

二等奖

徐霄耀

作者年龄 13岁

学校/单位 深圳实验学校初中部

指导教师 杨洋

作者创作感言

“在这次创作自然笔记的过程中，我了解了湿地鸟类的生活习性，识得了曾叫不出名字的鸟类，丰富了业余生活，真正感受到了自然之美。自活动以来，我渐渐养成了观察鸟类，拍照后查询它们的名字及习惯等，这是这次活动带给我最大的收获，发现美并探索及热爱！”

《我的湿地鸟类朋友》

专家点评

时间、地点、天气（气温）记录要素齐备，其中有亮点：一是时间段的记录方式科学严谨；二是画了小图点缀在“晴”字和“多云”旁，使天气记录平添了几分活泼。无科学性错误。作品所描绘的环境涉及水、陆、树、空，7 种鸟儿穿插于其中，并配以错落的文字，内容虽多，但繁而不乱，给人以丰富的观感，吸引观者赶快细细欣赏——原来，记录的是连续两天在不同地点的观察所得，因为一个是海湾、一个是城市公园，不同的生境引来不同的鸟儿栖息繁衍、自得其乐。右上角的望远镜画得很细致，介绍了观察鸟儿的利器，也一定是小作者的心爱之物。

二等奖

于欣彤

作者年龄 **8岁**

学校/单位 **江苏省南京市金地自在城小学**

指导教师 **朱海燕**

作者创作感言

“今年春节假期，妈妈带我去了老家盐城丹顶鹤湿地生态旅游区。一路上我第一次看到了展翅飞翔的苍鹭，站在水边专心捕食的杓鹬，还有一大群在水面上嬉戏的骨顶鸡。在丹顶鹤保护区，我再一次见到了丹顶鹤、小天鹅、针尾鸭、绿头鸭，还有东方白鹳……我好想念它们啊！就这样，我怀着无比激动的心情，把它们一一记录下来。我的老家是盐城新洋港，这里靠近海边，有大片的芦苇和湿地，真开心这么多鸟儿在这里安家落户。我希望它们永远在这美好的地方快乐地生活下去！”

《我的湿地鸟类朋友》

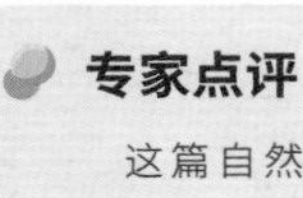

专家点评

这篇自然笔记内容很丰富，小作者绘画笔法稚嫩，但文字和绘画互为补充，表达细腻真实，主要特征突出。尤其是对鹤和鹭的脚印进行对比的部分非常用心！对现场痕迹比对、识别也是小作者在观鸟之路上收获的宝贵经验。值得一提的是，小作者发现了被丹顶鹤次级飞羽和三级飞羽黑色羽毛覆盖的身体尾部是白色，并将其作为了不得的发现记录下来，很有趣！

二等奖

许唐可馨
作者年龄 12岁
学校/单位 江苏省南通市如东县丰利镇石屏小学
指导教师 周晓勇

作者创作感言

“我是学校小青脚爱鸟社的社员。爱鸟社团，让我们走出教室，认识大自然的神奇与美好，也让我们了解了保护生物多样性的重要性。我们学校周边河流纵横，栖息了众多野生鸟类。白鹭是最常见的水鸟之一。它婀娜的身形、优雅的体态深深地吸引了我。这次比赛，我重点观察它。不同时段、不同地点，嬉戏、觅食，白鹭的生活如此有趣。加上老师的讲解，到杂志、网络查阅资料，我对白鹭认识越来越丰富，最后形成参加比赛的作品。这些生活在我们身边的鸟，与人类和谐生活在一起，它们也是这片天地的主人。让我们共同携手，一起保护和谐、多样的生态家园。”

《优雅的精灵——观察小白鹭纪实》

专家点评

小朋友观察和绘画得特别认真，连苇塘周围杂乱的围栏都画上了，观察的过程记录得很详细，语言也很生动，还画出了两个不同时期白鹭的对比，非常不错。唯一一点美中不足的是，这两只不一样的白鹭并不是亚成鸟和成鸟，而是繁殖期和非繁殖期的小白鹭哦，但是已经非常棒啦。

二等奖

马正阳

作者年龄 16岁

学校/单位 新疆生产建设兵团第二师华山中学

指导教师 徐艳

作者创作感言

热爱源于了解。一个人对于自然的热爱源于对自然的了解，而对自然的了解源于细心的观察和发现。自然笔记不仅是一种作品形式，更是一种对大自然深刻观察后的发现和思考。当学生真正接触了大自然的美并珍惜它时，才会意识到生态保护的重要性。这次的自然笔记带给我的不仅是知识和经验，更是对生态保护的深刻思考。希望越来越多的人能意识到生态保护的重要性，并参与进来。

自然观察笔记.——

白鹭的空中舞技

华山中学 高一13班 马正阳

2022年6月8日. 博斯腾湿地.

27℃, 物种：大白鹭

导言. 几乎所有的鸟类都具备飞行的能力，但人们似乎并不知道鸟类是如何做到飞行的。本次我对博斯腾湿地的大白鹭进行了观察。

大白鹭的部分飞行姿态与分析.

(1)准备起飞

白鹭在准备起飞时会选择沙地等较硬的地面进行蹬地动作。从双筒望远镜中可以看见脚趾抓地的动作。同时白鹭不断拍打双翼，获得持续的升力。

Tip：此时白鹭的颈部是弯曲的，头部的直立使其有稳定的视野和平衡性

头部直立

双脚蹬地

(2)升空.

白鹭的双翼连续拍打，进行升空。双脚离开地面，向上跳起。头部依然直立，颈部微弯。

(3)空中飞行

白鹭在空中飞行的动作为：振翼——平翼滑翔——振翼.

振翼为获得升力，平翼滑翔将升力转化为向前的力。在转向时，白鹭会将一侧翅膀放低，利用受力的平衡打破来进行转向。

白鹭的双腿收起，保证了流线形.

(4)着陆

着陆姿势与起飞相似.

双翼拍打以降低着陆速度，同时双脚前伸，准备着地。

总结. 经过大自然数千万年的筛选与进化，大部分鸟类都具备了与自身体型相符的飞行动作与技巧。通过对鸟类飞行的细致观察，人类最终也使自己飞上了天空，可见对大自然的模仿与借鉴是多么重要。

《白鹭的空中舞技》

专家点评

该作品巧妙地围绕鸟种从起飞到着陆的完整过程进行观察，分别从“准备起飞”“升空”“空中飞行”“着陆”四个阶段进行翔实的图文记录。作者重点观察记录了鸟种在不同阶段的体态特征，抓住颈部、翅膀、腿部、爪等部位的变化以及飞翔过程中不同阶段的身体不同部位的用力特点进行记录和描绘。让读者能很好地从该作品中了解该鸟种的飞行过程。遗憾的是，该作品标题是“白鹭的空中舞技”，而内容里的物种名称写的“大白鹭”，具体描述的文字又是白鹭，产生了矛盾。如果是大白鹭的话，应该是“嘴黄趾黑”，白鹭（小白鹭）正好相反，应该是“嘴黑趾黄”。而作者画的却是嘴黄趾黄，这种情况只有繁殖期的中白鹭会出现。

二等奖

李芊羲
作者年龄 8岁
学校/单位 四川省成都市建设路小学
指导教师 赵沙沙

作者创作感言

“我认为，做自然笔记是一件非常有趣的事情。既可以发现身边的自然，也可以让我知道各个动植物不同的生活习性，了解它们的生活。这是我第一次创作自然笔记，很开心能进全国前50名，这是对我的肯定，也是对我的激励。这只是一个开始，以后我会在自然笔记上多下功夫，更多地观察身边的事物，希望我能记录下大自然每一个美好的瞬间。”

《浣花溪观鸟》

专家点评

该作品是一次由教师带领的体验活动后，同一批学生们提交的很多作品之一。在众多主题相同的作品中，这位8岁小朋友体现了自己的特色，包括较为丰富的构图，文字记录也较为真实细致。蹦蹦跳跳的小鸟，打架的小白鹭，还有一群带着惊奇之心的孩子，这不就是湿地带给我们的喜悦吗？

三等奖

姚知行

作者年龄 **12岁**

学校/单位 **福建师范大学附属小学**

指导教师 **沈世奇**

作者创作感言

“2021 年底，我参加了福建省观鸟协会的培训，很快爱上了观鸟，从望远镜、各种鸟书到长焦相机，我有了不少装备，也习惯了每次认真做记录，成了一名小“鸟人”。有一次，鸟会老师们组织去福清兴化湾观鸟，那里鸥类和鸻鹬类非常多，不少是我没有看过的，笔记本大大加新，我心满意足。回来后，我想起了老兵老师讲的白翅浮鸥和须浮鸥的区别，印象深刻，便做了自然笔记，详细地把观察到的生境、习性和区别等记录了下来，还画了插图。观鸟的短短半年里，我还是我，但又不是从前的我，因为观鸟的路上，心中有热爱，同行有伙伴，我们是闪闪发光的观鸟人。”

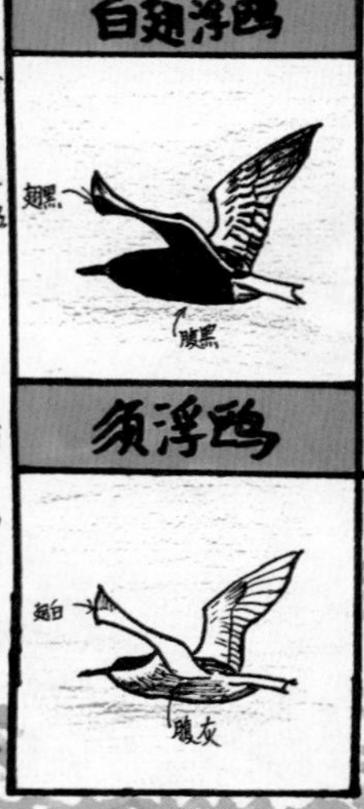

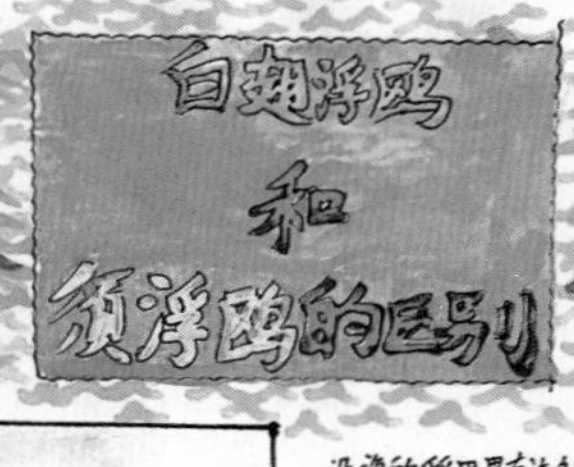

《白翅浮鸥和须浮鸥的区别》

专家点评

该作品以对比的方法、图文的形式说明了白翅浮鸥和须浮鸥的区别。作者在老师的指导下辨别白翅浮鸥和须浮鸥的不同羽色特点，并通过两种鸟、相同体态不同羽色的描绘加以区分。作者比较了两种鸥的捕食特点，发现须浮鸥擅于“点水”捕食，而白翅浮鸥却不一样。另外，通过对观鸟过程的记录，分析了鸟类的生境随着人类的入驻而扩展的原因。总之，这幅作品不仅有细致的观察，也有科学的思考。遗憾的是，白翅浮鸥和须浮鸥的羽色对比图中，作者将白翅浮鸥的翅标注成“黑色”欠准确，因为白翅浮鸥的翼是灰色，翼上的小覆羽为白色，腰和尾也是白色，飞翔时除尾和翼有部分白色外，通体黑色。所以，做标注时要尽量让语言准确，以免误导读者。

三等奖

叶筱晴、鲍致玮

作者年龄 **12岁、12岁**

学校/单位 **福建省长乐市潭头中心小学**

指导教师 **刘榕芳、陈玉丽、陈燕**

作者创作感言

“人们都说湿地是地球的“肾”，我觉得湿地更像地球的“心脏”。当我们一起呵护它的时候，它的跳动坚定有力；当我们忽略它的时候，它的跳动局促不安。鸟儿就好像是湿地的主角，可因人类对自然的过度干预，污染了它们的栖息环境。以中华凤头燕鸥为例，它已被世界自然保护联盟列入极度濒危物种，在全球的数量才刚刚过百。通过观察创作观鸟自然笔记，我希望大家能携手保护这些濒临灭绝的鸟儿们，呵护我们共同的心脏。”

《故乡的美丽湿地》

专家点评

小作者在做这篇自然笔记时，排版疏密有致，美观整洁，在描述夜鹭时对其神态的比喻很形象，在笔记中通过绘画反映了鸟类生活的环境，这一点很不错。值得注意的是，白鹭和夜鹭形态逼真，但白头鹎的形象还可以通过进一步观察有所精进。

三等奖

陈润箄

作者年龄 **11岁**

学校/单位 **福建省福州市鼓楼第二中心小学**

指导教师 **沈世奇**

作者创作感言

“我于 2021 年开始观鸟，福建省观鸟协会老师多次提到兴化湾湿地是东亚—澳大利西亚候鸟迁徙通道上的重要驿站和越冬地，有着良好的生态和丰富物种，使我无比向往。初识兴化湾是 2022 年 2 月初，我们一家顶着寒风在海堤上观察了一天，目睹了黑脸琵鹭、黑腹滨鹬、灰斑鸻等 56 种鸟类在湿地觅食、散步、飞行和嬉戏。这次我在兴化湾重点认清了须浮鸥和白翅浮鸥。每次去兴化湾总有新收获，我一定还会再去的，也希望有更多的人去兴化湾观鸟、去亲近湿地、去热爱湿地，让生态湿地越来越好，引来更多鸟儿栖息停留，人与自然和谐共生！”

《生态湿地兴化湾》

专家点评

这个作品集中记录了 3 种观察到的鸟类。对于鸟类行为的记录较为真实、生动，能够体现出小作者观察时的认真和投入。笔记的绘画呈现风格较统一，体现出独特的绘画语言。此外的亮点是在记录鸟种的同时，描绘了海岸的环境和湿地的植物，体现出整体环境。

三等奖

吴佳怡

作者年龄 **12岁**

学校/单位 **广东省深圳市福田区华新小学**

指导教师 **陈苗**

作者创作感言

“5月5日的下午，我们来到了笔架山，寻找鸟的踪迹。我们先观察到的是长尾缝叶莺。它们小巧活泼，喜欢在灌木丛中跳跃，十分可爱。我们沿着林荫小路继续往下走，看到了一只在树枝中跳跃的赤腹松鼠……以这次比赛为契机，我们从观鸟中获得乐趣，从观鸟中获得知识，也非常荣幸为了更好地保护大自然，为了让更多人了解到自然笔记的意义出一份力！让我们从自己做起，从身边小事做起，保护大自然，保护地球！”

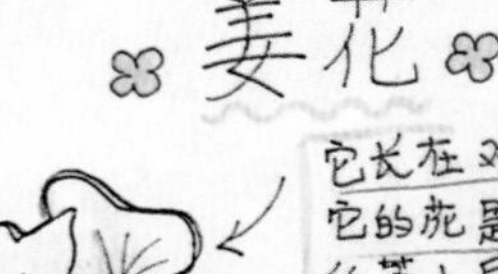

笔架山的湿地朋友
时间：2022.5.5 下午 4:30-5:30
地点：双砚湖
天气：晴
气温：26度
记录人：华新小学六(2)班吴佳怡
今天第二课堂我们去了笔架山的双砚湖边，我们看到了很多鸟和花，我觉得脑子里的知识一下子就增加了不少，还十分开心呢！
夜鹭亚成鸟
它正站在湖上的花船上，看起来比其他鸟胖一些，翅膀上有许多白色的斑点，我们看了它很久，它一动不动，好像在发呆。
发呆中……
姜花
它长在双砚湖旁边的桥边，它的花是白色的，在绿色的茎上显得十分显眼。这花不但好看还极香，还没走到桥上，就能闻到那香味了呢！
长尾缝叶莺
小巧，灵活
在灌木丛中上窜下跳。
池鹭
性效较大胆（我们观察了很久，它都没动过）
嘴尖
看起来比夜鹭亚成鸟苗条
脚大，腿长

《笔架山的湿地朋友》

专家点评

这位小朋友抓特征很准确，虽然画的物种很多，但每一个物种的特征都抓得很准，包括池鹭嘴端的黑斑。下次可以尝试观察物种的行为、生境以及物种间的关系，结合观察进行提问、思考，可能会做出更有意义的自然笔记哦。

三等奖

杨子逸

作者年龄 **11岁**

学校/单位 **福建省厦门市滨北小学**

指导教师 **柳贝丝**

作者创作感言

“5 月 28 日，老师带着我们去白鹭洲的红树林做自然观察。我们在潮间带看到了很多有趣的生物，有正在吃藻类的清白招潮蟹和弧边招潮蟹，有趴在淤泥上晒太阳的弹涂鱼，有站在水边捕鱼的白鹭和一动不动的夜鹭，还有果实累累的秋茄。弧边招潮蟹在红树的根系间爬来爬去，雄性弧边招潮蟹挥舞着一只大钳子，仿佛在说：“潮来啊！潮来啊！”经过观察，我发现潮间带是动植物的乐园，同时红树林还可以保护人类，我们更应该保护好大自然的生态环境。”

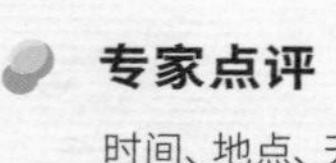

专家点评

时间、地点、天气（气温）记录要素齐备。无科学性错误。这是一幅非常精彩的自然笔记，小作者观察细致，记录用心。整体设计图文并茂、平衡舒适，记录了在公园湿地中观察到的 3 种可爱动物，标注了准确的中文名夜鹭、大弹涂鱼、弧边招潮蟹。“招潮蟹”三字设计了可爱又贴切的变形，锦上添花。每种动物都图文结合、相得益彰，其中的大弹涂鱼画了两只，一只用来标识背鳍、胸鳍等重点结构，另一只则突出了仰头张大嘴的姿势，突出了这种可爱小动物标志性的动作。通读配文，可以感受到小作者的观察很是细致：大弹涂鱼独特的保氧保湿秘籍、招潮蟹的内心独白、已经长出繁殖羽的夜鹭总是单脚站着捕鱼。

《潮间带的“小精灵”——厦门市白鹭洲公园》

三等奖

郑雨泽
作者年龄 **14岁**
学校/单位 **福建省莆田市湄洲湾北岸经济开发区东埔初级中学**
指导教师 **郑斌丹**

作者创作感言

“我最喜欢像仙子一样的白鹭，在节假日，叫妈妈带我去不远的湿地公园观察它的各种姿态。回来后整理照片，选了几只动作特别的白鹭，在纸上涂涂画画，不懂的地方问老师，在涂涂改改中得到启发，一下子就有了创作灵感，画了5只姿态不一样的白鹭。老师说这个构图很好，白鹭的大小和姿态也很好。我把对白鹭的各种姿态的内心感受用文字描写下来，用了一个星期，这幅多姿的白鹭就画好了。”

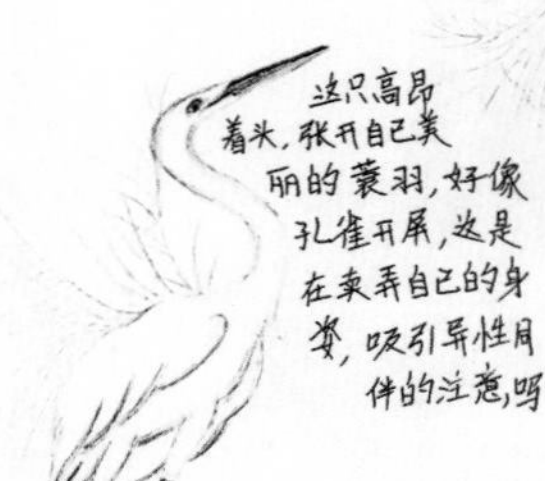

多姿的白鹭
标题：多姿的白鹭
地点：上海湿地公园
时间：2022.5.8
天气：阴，18°
它很戒备地站在树梢上，好像卫士在守护自己的家园，两根饰羽好像两根要离弦的利箭，漂亮的蓑羽微微张开，一副随时与入侵者博斗的样子
它缩着脖子，呆萌地站在那里，饰羽像"人"字形，蓑羽微微张开，纯洁雪白的外形好像一位不食人间烟火的仙人，让人感到神圣不可侵犯。看到这一画面，我的呼吸都不敢大声，害怕惊到了它。
捕到一条鱼的你，很得意吧，正在炫耀自己的战胜品。
这只高昂着头，张开自己美丽的蓑羽，好像孔雀开屏，这是在卖弄自己的身姿，吸引异性同伴的注意，吗
你也爱美，在梳妆打扮呢，脖子上的饰羽好俏皮一根高傲地仰起来，另一根调皮地打个弯。

《多姿的白鹭》

专家点评

在这篇自然笔记里，小作者围绕白鹭的饰羽和蓑羽展开了多角度观察，结合其姿态动作试图理解它们在白鹭行为中的用途，观察仔细，重点突出，绘画形象生动。不过，在行文中出现了第一人称和第三人称混用的情况，如能统一下就更好了。

三等奖

郭苏涵

作者年龄 **13岁**

学校/单位 **云南省曲靖市会泽县教育体育局委员会**

指导教师 **李星熠**

作者创作感言

“我出生在美丽的黑颈鹤之乡——大桥念湖旁，从小就和黑颈鹤一起鸣唱、跳舞、飞翔，《黑颈鹤的故事》伴我长大。黑颈鹤全身灰白色，颈、腿比较长，头顶和眼先裸出部分呈暗红色，头顶布有稀疏发状羽。黑颈鹤给了我很多美好的回忆，我也应该为它们做点儿什么！热爱大自然，保护我们赖以生存的环境，以身作则，通过画作唤起更多人感受到保护野生生物的重要意义，用自己的实际行动为保护野生生物尽一点点力！”

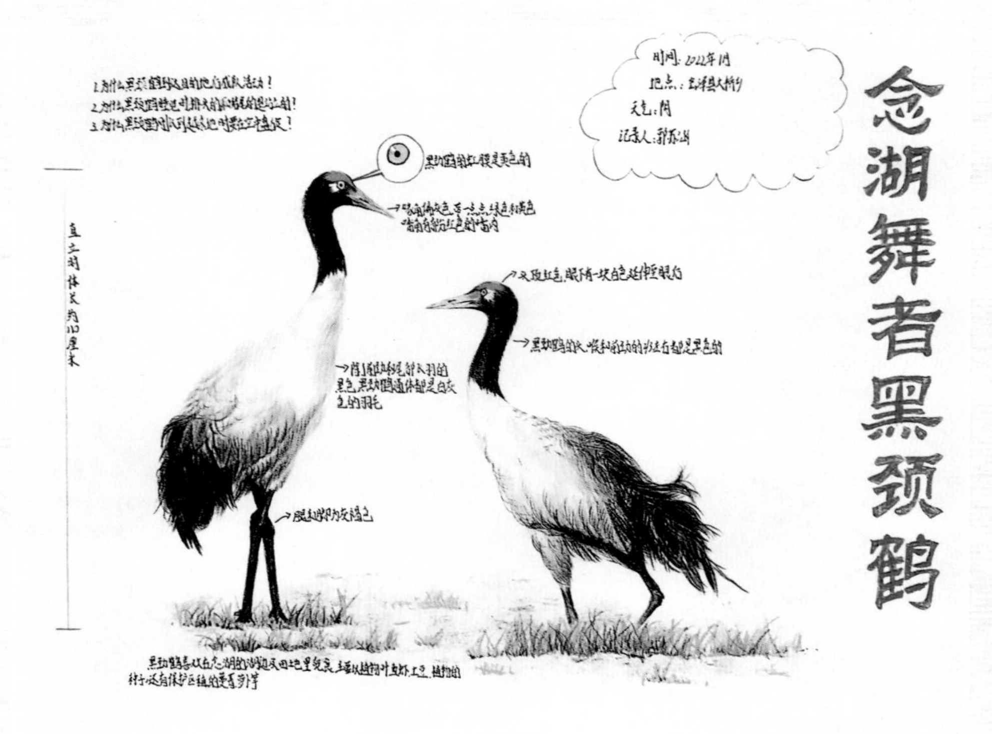

《念湖舞者黑颈鹤》

专家点评

作者郭苏涵同学的自然笔记作品《念湖舞者黑颈鹤》，描述的是在会泽大桥乡念湖的黑颈鹤的情况。作者准确描述了黑颈鹤的形态和食性等基本特征，略显简单。但是，作者绘制的黑颈鹤堪称本次大赛的最佳绘画作品，绘制准确细致，甚至可以作为鸟类图鉴使用。

三等奖

李欣语
作者年龄　**13岁**
学校/单位　**山东省东营市胜利第四中学**
指导教师　**王鲁滨**

作者创作感言

“花絮飞飞，蛙鸣阵阵，流水潺潺。大自然中蕴涵着世间万物，也蕴涵着生活的法则。在创作《黑翅长脚鹬》的过程中，不仅提升了我的观察能力和艺术素养，也让我感受到大自然赐予人类的美好，反思破坏环境的危害。我希望这次作品入选，可以带动更多的人去热爱环境和保护环境。在美景如画的自然里，把自己的身心整个融入其中，用心去聆听大自然的声音，那是大自然为我们人类谱写的新的乐章。”

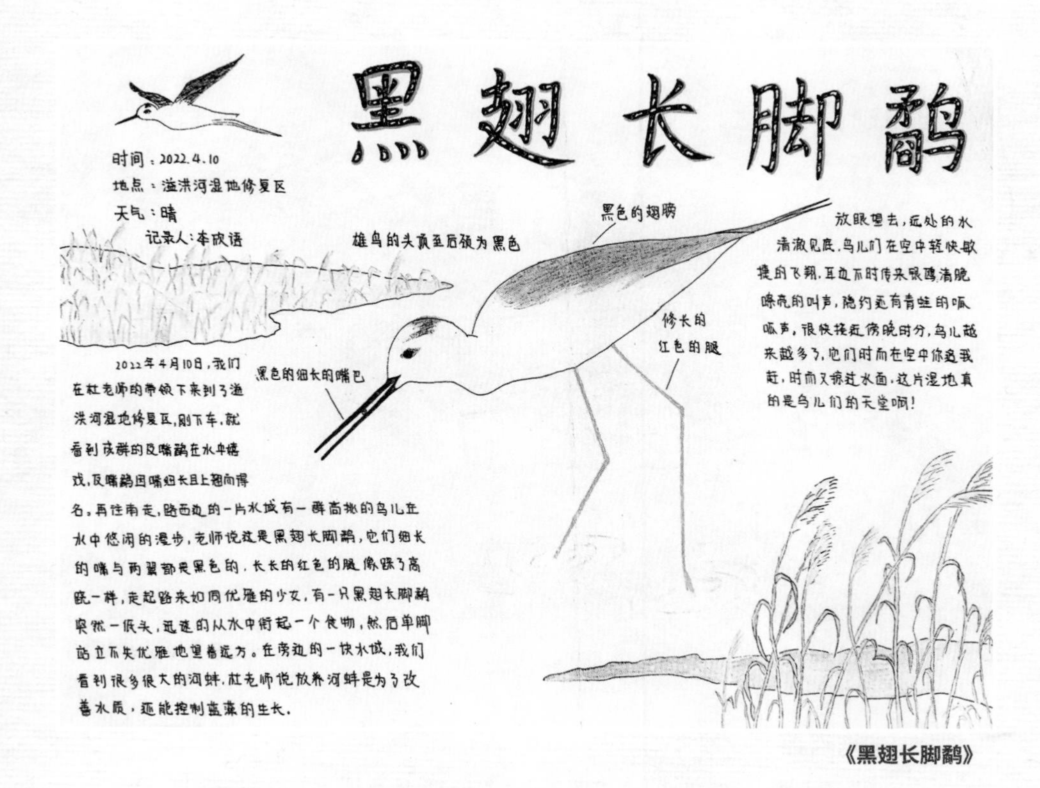

《黑翅长脚鹬》

专家点评

画面简洁，标题设计醒目，描述细致，画出了黑翅长脚鹬的神态，优雅的美！文中还提到了反嘴鹬、河蚌、蓝藻，建议将画面丰富一下，会更加完整和出彩。

三等奖

魏家乐

作者年龄 **11岁**

学校/单位 **广东省深圳市福田区梅山小学**

指导教师 **范红英**

作者创作感言

“以前我只认识麻雀和白鹭，参加学校观鸟队后能认识几十种鸟。我每次去公园观鸟总是最先听到黑领椋鸟古怪的大嗓门，黑脸噪鹛在深圳湾公园比较常见。这两种鸟都很引人注目，大小差不多。它们名字里都有黑字，都有一点霸道，我就想它们两个如果“PK”起来很有意思。老师也启发我找它们的特点，仔细对图鉴辨别它们羽毛的颜色、花纹，文字上反复修改对话语言，终于完成了自然笔记《森林歌唱家大 PK》。”

《森林歌唱家大PK》

专家点评

时间、地点、天气（气温）记录要素齐备，无科学性错误。作者在亲自观察的基础上，展开想象力，就两种的鸟儿善鸣的特点，编排了一个歌唱比赛的故事场景，图文并茂地展示出来。作品的整体设计很有特色，一个由绿草地和树枝搭成的立体的比赛舞台，两只黑领椋鸟在左，七只黑脸噪鹛在右，两组选手直面“PK”，热闹非凡。两种鸟儿各自的形态特点和生活习性，一方面直观展现在了惟妙惟肖的画里，另一方面被巧妙展现在自我介绍的文字中。欣赏这幅优秀的自然笔记，在小作者营造出的歌唱比赛氛围中，不知不觉便获得了关于两种鸟儿的新知。

三等奖

曾乐为

作者年龄　**13岁**

学校/单位　**深圳实验学校初中部**

指导教师　**杨洋**

作者创作感言

“第一次参加观鸟活动，第一次近距离观察鸟类，让我感受到不一样的快乐。清晨，漫步在湖边，丝丝微风掠过脸庞，滑过指尖，偷偷窜进了满眼绿荫的水杉中。水杉中的噪鹃呼唤着它的伴侣，迎接美好的一天。一只白鹭孤单地立在水中的柱子上，一副悠然自得的样子。池鹭在荷叶上舒展着自己的羽毛，这小片荷塘似乎都成了它的乐园！鸟儿们展示了自然的多姿多彩，在我眼前形成一幅美妙的图画，和谐唯美。人类是自然的，而自然，是自由的。”

《洪湖公园观鸟》

专家点评

画面清新、美观，把鸟儿和生境交代清楚，描述了池鹭和白鹭的区别，“荷叶上的平衡高手”！建议了解一下落羽杉二维码的信息和池鹭、白鹭繁殖羽，还有噪鹃雌鸟、雄鸟的区别，会加分哦！

三等奖

陈若曦

作者年龄 **11岁**

学校/单位 **湖北省武汉格鲁伯自然学校**

指导教师 **张士苹**

作者创作感言

“黄昏，在小区湖边散步的时候，我总能在湖里看到几只黑水鸡，双双在夕阳下嬉水，时不时溅起一串串晶莹的水珠。我想，如果人们爱护自然，保护环境，那么世界上的鸟一定会变得更多。鸟是世界上的小精灵，为世界增添了许多美好。我从小就喜欢鸟。我创作这个作品是希望人们能够通过我的作品意识到我们对自然的伤害，保护自然，让世界变得更美好。”

《湖边鸟》

专家点评

这篇自然笔记集合了多次湖边观鸟的成果，内容很丰富，其中，交代天气影响观鸟让人印象深刻。自然笔记里记录的当日时间、地点、天气等信息往往都会成为与观察对象状态密切相关的线索，它有利于理清自然环境与动植物间的关联，有利于我们积累不同条件下观察活动的经验。另外，整篇笔记着重在鸟类的外貌描述上，如果今后能再多关注鸟类的行为、鸟与周边环境的关联就更好了。

三等奖

张又琳

作者年龄 **11岁**

学校/单位 **四川省绵阳市北川羌族自治县安昌小学**

指导教师 **陈晓虹**

作者创作感言

“自然是眼睛，自然是耳朵，自然是一颗炽热的心，我爱这美丽而富饶的自然。周末如有时间，我总是爱和爸爸，邀上几个朋友一起去河堤观鸟。你看，高傲矜持的是大白鹭，姿态灵动的是小白鹭。小鸊鷉活泼可爱，翠鸟身手敏捷，小矶鹬天真烂漫，青脚鹬古灵精怪，赤麻鸭一家分外温馨。虽然阴雨朦胧，但雨点丝毫不影响我们观鸟的兴致。我希望这些水之精灵们能与我们在美丽的大自然中和谐共存。”

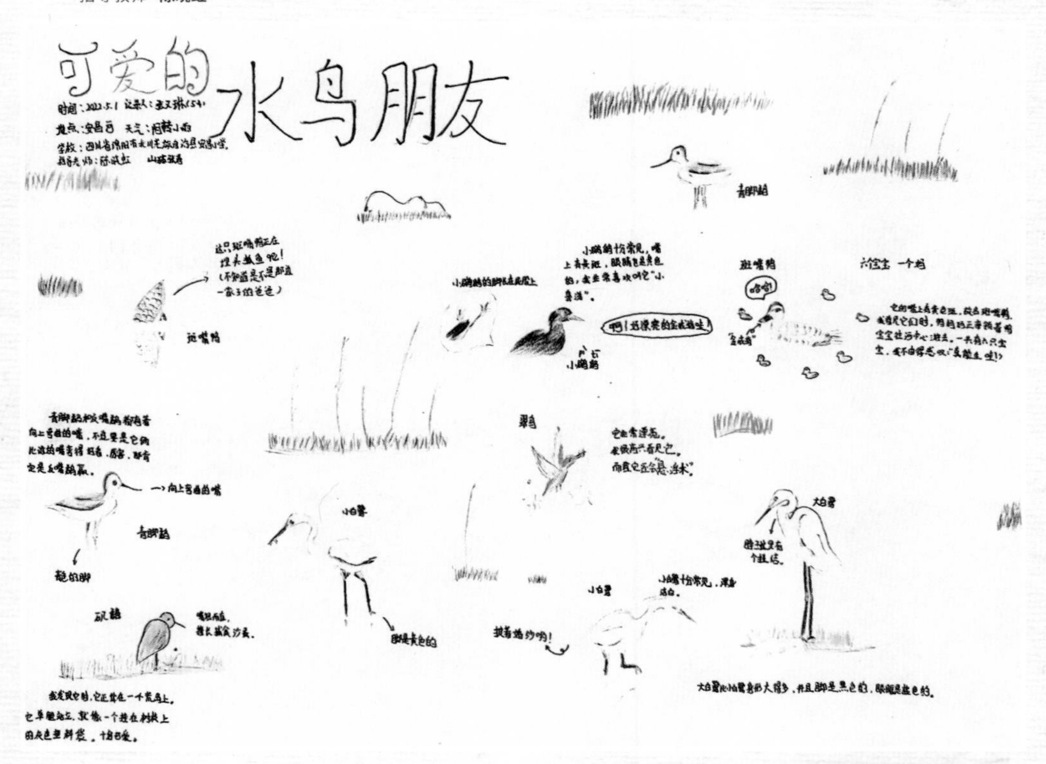

《可爱的水鸟朋友》

专家点评

这篇自然笔记中的鸟类绘画形象小而精致，有了旁边简洁却精准的文字加持，显得特别生动、有灵气。小作者观察到鸟儿很多除了容貌之外的细节，比如，青脚鹬和反嘴鹬嘴的对比、翠鸟会“悬浮术”这一技能、小鸊鷉脚长在屁股上、大白鹭和小白鹭细节的对比等。湿地观鸟收获满满，非常棒！

三等奖

黄祺翃

作者年龄 **10岁**

学校/单位 **湖北省武汉格鲁伯自然学校**

指导教师 **朗朗**

作者创作感言

“12 月，候鸟南飞到武汉的府河湿地，有反嘴鹬、白琵鹭、罗纹鸭、白鹭等。我太喜欢这些可爱的候鸟了，我们一定要保护好湿地，给这些小精灵一个美好的天然驿站。”

《南飞驿站》

专家点评

该作品的时间、地点、天气记录完整，尤其是不同鸟观察到的时间记录详细。画面清新，美观大方，文字朴实，有让人一目了然的感觉。这幅作品最吸引人的是，作者记录下了观鸟时的真实想法，表达了“一定要保护好湿地，给鸟儿们一个好的生态环境”“希望它们明年再飞回来”的美好愿望，作者爱鸟、爱湿地之情，跃然于纸上。

三等奖

王梓涵
作者年龄 **12岁**
学校/单位 **山东省东营市胜利锦华中学**
指导教师 **齐艳飞**

作者创作感言

“多年来，我一直试图寻找一种独特的笔墨语言来表现家乡的湿地。用绘画抓住瞬间早已成为我的强烈愿望。溢洪河湿地是一幅美轮美奂、气势磅礴的水墨风景画，湿地菖蒲、芦苇、鱼虾等水生动植物资源十分丰富，为鸟类生存提供了优良的环境。壮阔的芦苇荡、成片的“黄地毯”让人心旷神怡。进入湿地，有“黄地毯”、芦苇荡、野鸭群等交相映衬，人与自然在这里和谐共处。身临其境，我的心灵被这壮美所震撼。”

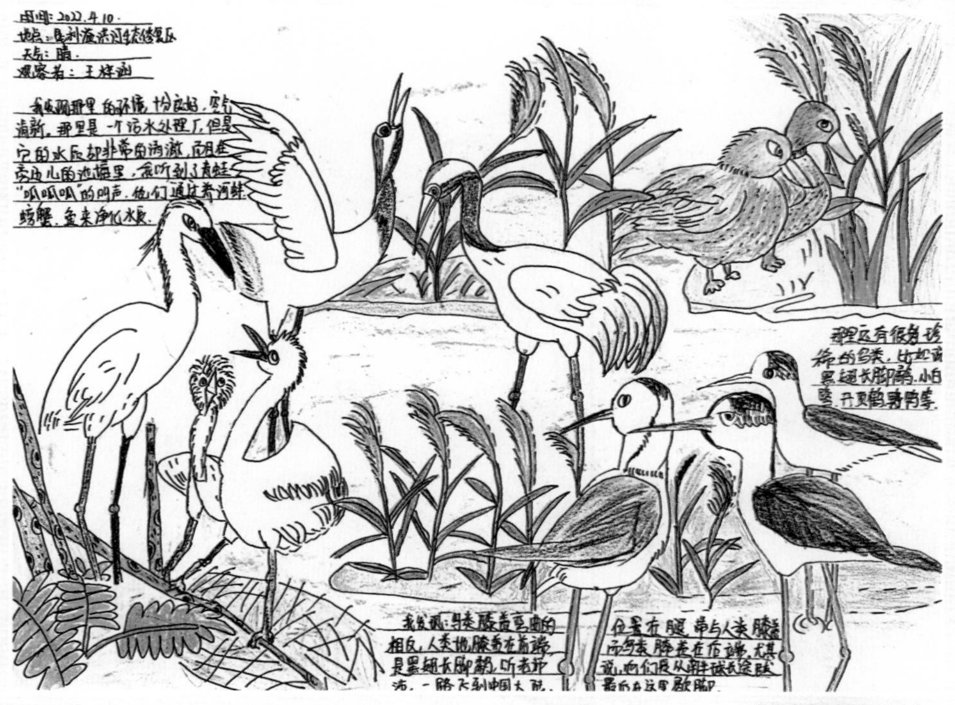

《群鸟栖息地观察》

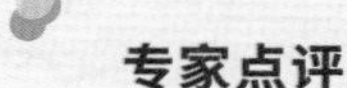

专家点评

该作品构图饱满，描绘生动，记录内容朴实真切。尤其是记录了体现湿地环境特色的一些湿地植物，能够看出不同鸟类出现的不同生境。作者的记录中有一个很好的发现，说到鸟的“膝盖”和人类不同的对比。其实弯曲的部分是鸟的脚，而不是腿。这是科学认识上的瑕疵，是可以通过后续学习或老师的指导来提升的。另外，美中不足的是缺少一个醒目的标题。

三等奖

洪一宇

作者年龄 **8岁**

学校/单位 **福建省厦门市故宫小学**

指导教师 **黄倞朗**

作者创作感言

“湿地是动植物生长、栖息的重要场所，特别是众多珍稀水禽生长的乐园。通过这次全国湿地自然笔记接力活动，让我有机会仔细观察到生活在湿地里的小精灵，真正见识到湿地的美丽，对湿地、鸟类有了不一样的认识。在创作的过程中，鸟儿们仿佛在向我述说它们的故事。随着砍伐、污染等破坏，全球湿地越来越少，我们要珍爱湿地、保护湿地，与大自然和谐共生。今后，我还要继续做自然笔记，把附近的大自然都画下来，收藏在我心里。”

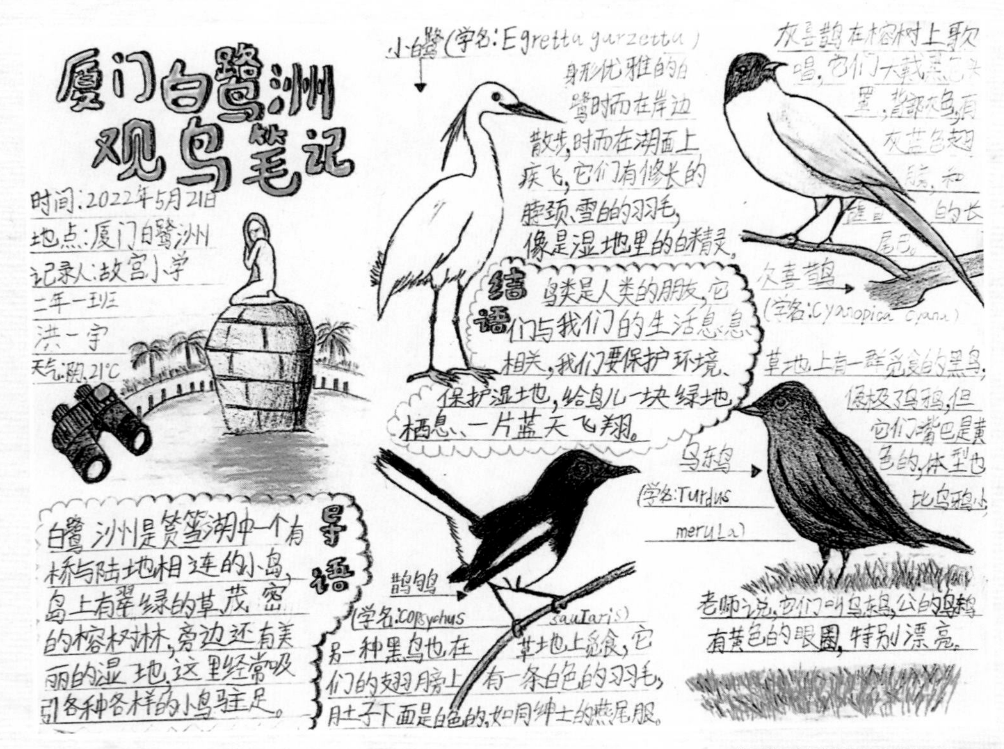

《厦门白鹭洲观鸟笔记》

专家点评

小作者的描述生动有趣，观察十分仔细：“鹊鸲如同绅士般的燕尾服”“乌鸫像极了乌鸦，但是嘴巴黄，体型比乌鸦小”。作品有导语和结语，对鸟类和生境的描述，图文并茂。对于二年级的小朋友来说，能做出这样的自然笔记非常棒！

三等奖

郑文凯

作者年龄 **17岁**

学校/单位 **福建省三明第一中学**

指导教师 **魏国文**

作者创作感言

“迎着微风，望着风景，古代居士的生活也不过如此。感受着湿地的神奇，看着鸟儿的各种动作，我感到欣喜，也感到羡慕。这次创作让我深刻体会到大自然的美丽，也让我有了想当鸟儿的冲动，希望能实现人与自然的和谐共生。”

时间：2022年5月2日
地点：福建永安龙头国家湿地公园
天气：晴转多云
记录人：福建省三明第一中学
高一(10)班 郑文恺
指导老师：魏国文
湿地观鸟记
“儿子，快看！”我抬头一看，一只白鹇从树林里飞了下来。“真幸运，能遇见白鹇！”白鹇，鸟如其名，洁白而娴静，姿态大气，优雅。
“两个黄鹂鸣翠柳，一行白鹭上青天”有幸，我们在永安也见到了让杜甫赞不绝口的景象。
有一只独特的白鹭引起了我们的注意。它站在河边，曲颈“S”形整理着它的羽毛。它那通体雪白的羽毛，在阳光下熠熠生辉，美丽可爱。
我和妈妈都被白鹇迷住了。它梳着时尚的“大背头”，黑色的“头发”披于脑后，脸颊灿若烟霞，精神抖擞，还带着几分冷傲。上身和翅膀披着白色羽衣，下身是深沉高级的黑色；一双红色的
结语：湿地风景秀丽，鸟儿可爱大气，我们又有什么理由去破坏、去伤害它们呢？湿地对于我们人类以及其他生物均有重大意义，让我们一起保护这个“地球之肾”，实现人与自然的和谐共生！

《湿地观鸟记》

专家点评

作品记录了作者与家人一起去湿地观鸟的过程，故事描述清晰。对白鹇和白鹭两种湿地鸟种的观察细致入微，尤其是对白鹭整理羽毛的描绘能够抓住其独有的特征。文字描述生动、有趣，引用杜甫名句，真情自然流露。作品画面设计合理，反映了湿地的生境特点。从结语部分，可以看出作者是一个爱湿地、爱自然的人。

三等奖

曾子卿

作者年龄 **16岁**

学校/单位 **广东省湛江市第二十中学**

指导教师 **沈如冰**

作者创作感言

“充满了生存智慧的红树林、飘逸仙气的白鹭、帅气的池鹭……给我带来了无限的创作灵感。但是海漂垃圾的污染，不禁让我反思，人类带给大自然什么？我们该如何与这些美丽的生灵共存？我的理想是成为一名服装设计师，以后我一定会走进大自然去寻找灵感，通过自然笔记去记录我的所见所想，并把这些灵感融入我的作品。我还要尽我所能去保护环境、爱护大自然，希望大自然永远都那么美！”

《湿地精灵》

专家点评

该作品结合自己的观察感受分别给两个鸟种做了恰如其分的比喻“白纱女王”（白鹭）和“孤舟行者”（池鹭）。作品用细腻的素描技法表现白鹭展翅高飞的姿态，用水粉（或丙烯）颜料通过写意的手法描绘白鹭在红树林中的白绿相间的美妙感觉；用简洁且较准确的色块描绘池鹭在水中觅食的场景。作者通过仔细观察，生动地记录了观察对象在不同生境下的羽色和姿态，根据观察到的场景产生联想，寄托作者向往自由的内心。如果作者能够在观察的同时融入自己关于鸟种与生境、鸟类与人类关系方面的思考就更好了。

三等奖

夏微怡

作者年龄　**10岁**

学校/单位　**湖北省武汉格鲁伯自然学校**

指导教师　**金娜**

作者创作感言

“那是个晴朗的上午，我坐在古朴的湿地栈桥上，茂盛的芦苇们陪伴着我。远处的滩涂上正立着一只白鹭，它那雪白的羽毛就像纯白色的裙裾，而它那优美的身姿就像一位美丽的姑娘。瞧，一只黑水鸡突然从水底钻了出来，而天空中一只披着黑衣的夜鹭正悠闲地掠过。我一边呼吸着青草的香气，一边在写生本上飞快地记录着，生怕错过它们自由的身影。”

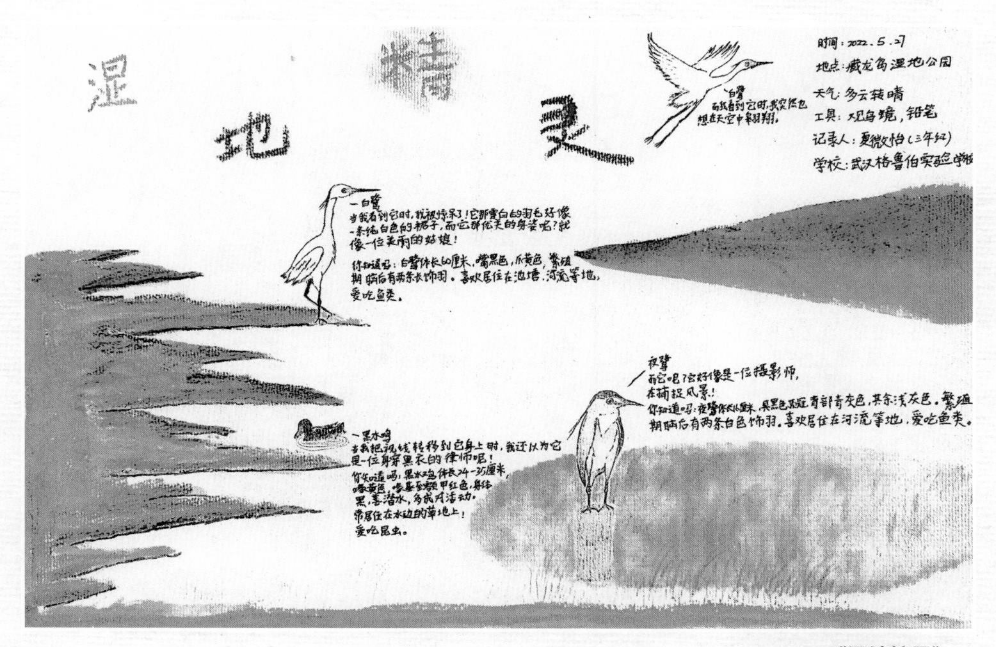

《湿地精灵》

专家点评

时间、地点、天气（气温）记录要素齐备，额外记录了主要观察工具“观鸟镜、铅笔”，是个好习惯。无科学性错误。整幅作品配色很清凉，只画出绿色的岸，利用大面积留白做水面，视觉开阔而延展。对白鹭、夜鹭和黑水鸡的形态特征把握也比较准确，辨识度很高。这幅作品中，文字是最打动人的亮点：并没有直接描述物种特点，而是从自己遇到它们的第一印象开始叙述，“我被惊呆了”与“突然也想在天空中翱翔”，字里行间透露出相遇时的惊喜。将白鹭比喻成“美丽的新娘”，将黑水鸡比喻成“身穿黑衣的律师”，将夜鹭比喻成“正在捕捉风景”的“摄影师”，语言生动形象。

三等奖

范梓烁

作者年龄 **12岁**

学校/单位 **广东省深圳市福田区梅林小学**

指导教师 **张丽萍**

作者创作感言

“在红树林湿地几乎听不到城市的喧闹，这里生长着许多不同种类的植物和鸟类。在观察记录时，我不由自主地想：如果没有了湿地，这些鸟儿我还能见到吗？那优雅的白鹭还能出现在我的视野中吗？同时我觉得好幸运，正是人们保护了湿地，给鸟类提供了生存的栖息地，我们才能在繁华的都市中看到这些飞翔的精灵。通过活动，我了解到湿地对城市有重要的环境调节和社会服务功能。保护湿地，不仅仅是在保护鸟类，也是在保护我们自己！”

《湿地里早起的鸟——小白鹭》

专家点评

《湿地里早起的鸟——小白鹭》的作者对白鹭的外形和动作进行了细致的观察，能发现白鹭脚趾为黄色，脚趾间还有蹼相连，并描写为“像穿了一双黄色的袜子”，语言生动形象。但还需要注意小白鹭眼部是黄色的，另外要素中的地点可以再写准确些，下次还可以试试这个季节能不能观察到白鹭的“小辫子”（繁殖羽）呢？

三等奖

吴嘉燕

作者年龄 **12岁**

学校/单位 **广东省深圳市福田区华新小学**

指导教师 **陈苗**

作者创作感言

“参加了这次观鸟自然笔记活动，让我深深爱上了观鸟。在观鸟的时候，我能全神贯注地做这件事，不会被其他事物干扰。参加了这次观鸟活动，也让我心中的疑问从问号变成了感叹号：到底是什么鸟？会在清晨五六点的时候叫？哦，原来是鹊鸲呀！笔架山不但为鸟儿提供了栖息之地，而且还为鸟儿创造了一个舒适美丽的家园。”

《走进笔架山》

专家点评

时间、地点、天气（气温）记录要素齐备，其中，关于心情的记录“像阳光一样明媚”是个小亮点，让人读之不禁莞尔。无科学性错误。整幅作品从构图到配图，再到文字，是一幅不错的自然笔记。作者从自己观察的角度，记录了笔架山观鸟之旅的所见。虽说主要目的是观鸟，文字中罗列出看到的6种鸟的名字，但只画出了印象最深刻的2种——模样美丽的小白鹭和叫声响亮的鹊鸲。其余的大部分空间，描绘和记录了观鸟期间遇到的动植物：松鼠、蝌蚪、蓝蝴蝶。以此呼应了文中的“哇哦，以前来到笔架山公园都没有见到这么多有趣的小动物，这次……真是收获满满”。自然发现的惊喜感溢出纸面，打动人心。

三等奖

黄芯怡

作者年龄 **16岁**

学校/单位 **广东省湛江市坡头区爱周中学**

指导教师 **陈康兰、肖政权、杨巧玉**

作者创作感言

“拿着望远镜，来到定点观测地，入眼的是一个个长长的扁扁的嘴就像鸭子的拉长版，地上走的，海上游的，天上飞的都有它们的影子。我看得津津有味，原来这种鸟叫黑脸琵鹭，当然不只看到这种鸟，还有其他鸟儿，如白骨顶、苦恶鸟等。蓝蓝的天空，白白的云朵，还有许多海鸥在那里自由翱翔，大自然那么美好，我们应该爱护它，只有爱护它，才能让我们子孙后代生生不息。”

《2022我的Yes观鸟笔记》

专家点评

这幅作品色彩很丰富，整体设计非常美观，要素齐全，观察到的鸟种类也比较多，有自己的观察和思考，比如看到发冠卷尾“嘴巴尖尖”，知道它是吃肉的。但白骨顶头上是有一块白色的，画的这个鸟可能是黑水鸡哦。

三等奖

陈琪

作者年龄 **13岁**
学校/单位 **福建省厦门市梧桐实验学校**
指导教师 **张翠女**

作者创作感言

“望远镜下的世界如此绚烂神奇，当我们看到碧空飞行的小白鹭矫健捕鱼的场景，就会情不自禁地用笔描绘出它凌空翱翔的精彩画面；当我们能熟练地喊出各种鸟儿的美称，就会不由自主地与三两好友娓娓而谈鸟类知识。通过参与这段时间的观察实践活动，自觉从中收获颇丰。我非常期待之后还有更多接触自然的机会，也希望可以与更多人一起参与和体会大自然的真谛，一起发自内心地去亲近湿地、热爱湿地、保护湿地！”

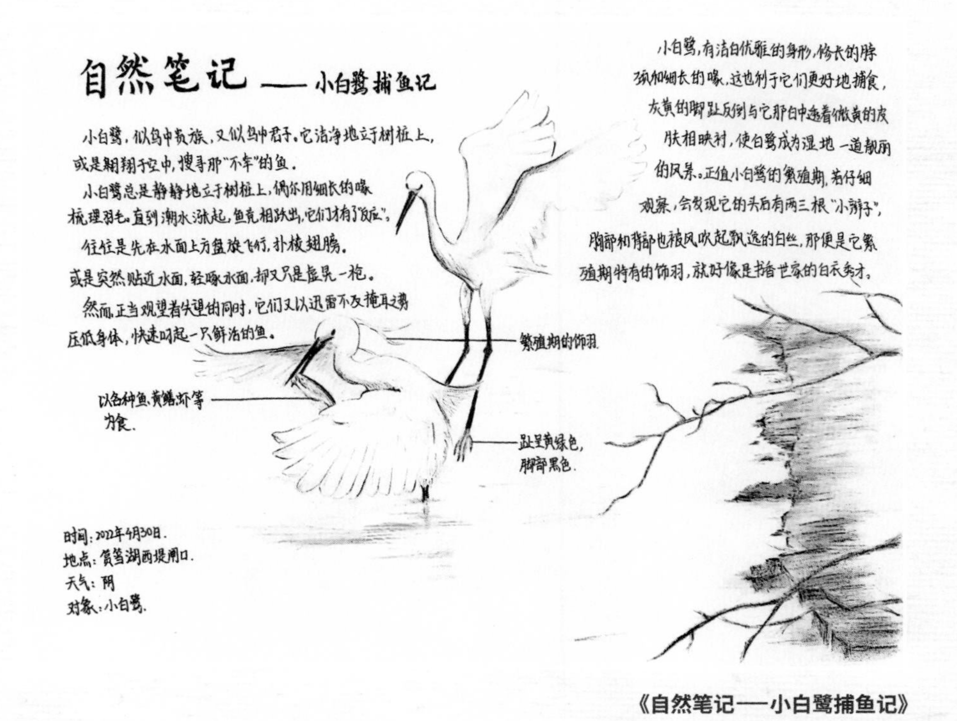

《自然笔记——小白鹭捕鱼记》

专家点评

整幅作品构图很美、很干净，鸟类特征也都很准确，还画出了白鹭繁殖期和非繁殖期的对比，记录了白鹭繁殖和捕食的行为，非常难得。不过，这篇文字的描述更像日记，下次可以再多记录些自己的观察和思考呢。

三等奖

作者创作感言

“我会再接再厉！不会辜负众人的希望！”

刘彦萱

作者年龄 **11岁**

学校/单位 **湖北省武汉格鲁伯实验学校**

指导教师 **姚莉**

《湿地观鸟》

专家点评

这篇自然笔记图文并茂，尤其是绘画部分，生动地呈现出了夜鹭和绿头鸭的形象。文字部分在鸟类的形态上描述得很有动感，但略显单薄，如果能加入当日观察时的所思所想就更好了。

三等奖

彭铄然

作者年龄　**7岁**

学校/单位　**湖北省武汉格鲁伯实验学校**

指导教师　**张瑞丽**

作者创作感言

“我喜欢和妈妈一起骑着单车绕着美丽的汤逊湖转悠，特别是在晚霞笼罩的傍晚，我看到许多小白鹭、夜鹭，它们喜欢站在凸出水面的一根根木桩上，乖乖的样子，像是等着老师发号指令一样！我想它们都玩累了，但还不想回家吧。对于小䴙䴘，我可真苦恼呀！它们那么神秘莫测，当我想要观察它的时候，它就和我躲猫猫，过了一会又从其他地方冒出来几只，可哪一只是刚才那一只呢？我真喜欢大自然的神奇和奥妙，要是我在大自然里，总是能遇到很多神奇的事情，那可太好了！”

《住在湿地的朋友》

专家点评

作为一年级的学生，这已经是一幅优秀的自然笔记作品。小作者以非常认真的态度，详细描绘了湿地的环境、植物，尤其是几种常见的鸟类成为画面主角。复杂的鸟名也可以一笔一画地书写下来。笔记的内容也较为翔实生动，既有细致的观察，也有内心的情感。安静的夜鹭、漂亮但声音粗哑的白鹭，以及在水面躲猫猫的小䴙䴘，用稚嫩的画笔诉说着活泼悦动的童心。

三等奖

万彦嘉

作者年龄 **13岁**

学校/单位 **海南省海口市长彤学校**

指导教师 **李潇洋，李芳良**

作者创作感言

“我在创作时关注的不是入选，而是作品本身带来的愉悦感与栗喉蜂虎的魅力。当我第一次见到栗喉蜂虎时，就被它的毛茸茸的外表折服了：栗喉蜂虎的羽毛颜色均匀而多彩，像在天空中翱翔的五彩天使，美丽又活泼。创作时，开始我一直专注于作品的细节，忽略了作品的完整性，改了很多次。后来逐渐感觉到作品要有生命力，所以尽可能地塑造它。我在创作中感悟到：栗喉蜂虎是一种很美丽又梦幻的生物，希望人们可以通过我的作品，了解它并保护它。”

《自然笔记——栗喉蜂虎》

专家点评

这篇自然笔记图文并茂，多角度地观察记录了栗喉蜂虎，这也是拥有得天独厚的观察点的结果，非常难得。观鸟远不只要认识它的外貌，所有跟鸟相关的行为、习性、自然落物、生境、与其他生物间的关联等都在我们的观察范畴之内。通过观察、理解它们的行为，思考人与它们之间的关系，更是值得我们努力的方向。

三等奖

黄子一

作者年龄 **11岁**

学校/单位 **四川省成都市建设路小学（建业校区）**

指导教师 **赵沙沙**

作者创作感言

“通过这次观鸟活动，我看到了很多可爱的鸟儿，了解了它们的习性特点，并把它们用画笔记录了下来，比如白鹭、苍鹭和红头长尾山雀。其中，我最喜欢的还是白鹭，它们全身雪白，只有腿和嘴是黑色，脚是黄色，而且腿也很长。它们栖息于各种湿地中，爱吃小鱼、小虾、螺等水生动物。在云南中部为旅鸟或冬候鸟，南部为繁殖鸟。它们又瘦又高，很漂亮，我很喜欢。”

《观鸟日记——浣花溪》

观鸟日记

——浣花溪

今天，我和我的小伙伴们一起来到了浣花溪湿地公园。我们一起到处观察了许许多多的小鸟儿，老师也给我们讲解了许多它们的外貌、习性，还用望远镜仔细观察了它们。我觉得还挺有趣的，很开心

白颊噪鹛

红头长尾山雀

记录人：黄子一
地点：浣花溪
学校：成都市建设路小学（建业校区）
心情：开心
天气：阴转晴
日期：2022年5月15日
星期：星期日

在今天我看到的鸟儿中，我有两种很喜欢的鸟，一种是白鹭，一种是红头长尾山雀。

白鹭全身的羽毛都是纯白色，嘴巴和腿都是黑色，脚是黄色。它样子很漂亮，我非常喜欢。它还喜欢在水里吃鱼和泥鳅。有时两只白鹭或夜鹭，其中一只抓到了鱼，另一只也想要，它们两个就会打起来呢。

红头长尾山雀身上羽毛的颜色很多，很鲜艳，有橙红色、灰黑色、灰白色、棕色。一双圆溜溜的小眼睛睁着，很可爱，还会发出“啾啾”的叫声。我还收集到了它们的一根羽毛。它们还是林鸟。

专家点评

该作品构图完整，形式新颖。首先用点、线、面相结合的方式较好地描绘了所观察物种的体态特征，然后用剪贴的方法组织画面，并用创意美术字体画了标题。文字重点介绍了白鹭和红头长尾山雀，描述了鸟种的外形特征和喜欢的食物，并写出了后者的叫声特点。遗憾的是，关于白鹭的描述只有一段文字，如果有相应的画面就更好了。另外，可能是受环境色的影响或者受绘画工具的局限，白颊噪鹛的颜色略显鲜艳，与其真实的羽色有些出入；尾部与身体的比例也显得有些失调。相比较而言，对红头长尾山雀的记录更完整一些。